MÉMOIRE

SUR LE TARIF DES SUCRES.

IMPRIMERIE DE SELLIGUE,
RUE DES JEUNEURS, N° 14.

MÉMOIRE

SUR LE TARIF DES SUCRES,

PRÉSENTÉ

A LA COMMISSION D'ENQUÊTE

PAR

LES RAFFINEURS DE SUCRE

ET

LES NÉGOCIANS EN DENRÉES COLONIALES
DE PARIS.

Paris,

A LA LIBRAIRIE DU COMMERCE, CHEZ RENARD,
RUE SAINTE-ANNE, N° 71;
A LA LIBRAIRIE DE L'INDUSTRIE, RUE SAINT-MARC-FEYDEAU, N° 10;
ET CHEZ LE CONCIERGE DE LA BOURSE.

DÉCEMBRE 1828.

AVANT-PROPOS.

On ne se méprendra pas, il faut l'espérer, sur le véritable esprit dans lequel le mémoire qu'on va lire a été composé. La question des sucres y est traitée dans ses rapports avec les intérêts généraux de la France, c'est-à-dire avec la consommation, le revenu public, le commerce et la navigation. Quelques pages seulement ont été consacrées à l'exposition des faits qui concernent l'industrie du raffinage, et plus particulièrement les raffineries de la capitale, que la commission des faits et renseignemens avait mission spéciale de représenter. L'enquête qui se poursuit en ce moment, doit mettre en présence tous les intérêts privés : mais quelle que soit l'utilité de ce mode d'investigation, il était à craindre que le conflit engagé entre tant de prétentions divergentes, ne fît perdre de vue les intérêts généraux, et c'est à quoi l'on a voulu pourvoir.

Le système nouveau que l'on propose a pour but d'accroître l'activité de notre commerce et de notre industrie, en conservant aux planteurs de nos colonies le placement avantageux de leurs produits. Le tarif qui en est l'expression a été combiné dans cette double vue; il admet comme base un accroissement notable de consommation, et comme moyen la baisse des prix opérée par la réduction des droits. C'est dans son ensemble et dans les rapports de ses divers élémens entre eux qu'il doit être examiné et jugé. La surtaxe imposée aux sucres étrangers est combinée avec la diminution du droit colonial de telle sorte, que si l'une de ces bases était rejetée, l'autre devrait être notablement modifiée.

Les lois actuelles ont été conçues dans l'intention d'assurer aux sucres français un prix assez élevé pour couvrir les frais de culture et l'intérêt des capitaux qu'exige leur production : ce prix avait été évalué par l'administration à 28 ou 3o fr. par quintal dans la colonie. Les tableaux ci-après (n°⁵ 3 et 4) établissent qu'après les réductions proposées, les sucres de nos colonies revenant à 131 fr. par 100 kil., droits acquittés, les planteurs en retireront 62 fr. au moins, ou 31 fr. par quintal, sur les lieux de production. En leur réservant de tels avantages, les auteurs du mémoire ont eu devant les yeux ces paroles de l'illustre général Foy : « Nous sommes » 3o millions de Français qui réglons avec 3o mille compa- » triotes un compte de famille. »

C'est dans les mêmes vues de conciliation que l'on a cru devoir laisser à MM. les colons le soin de résoudre, en ce qui les concerne, quelques-unes des questions que la commission des faits et renseignemens avait posées, sauf à discuter plus tard le mérite des témoignages que la commission d'enquête recueille en ce moment, et qui seront sans doute livrés au contrôle de la publicité. Ceci s'applique également à MM. les fabricans de sucre de betterave et aux questions qui se rapportent à leur industrie.

En exposant les vices du système actuel, l'on s'est trouvé dans la nécessité de signaler les erreurs et les contradictions où sont tombés à diverses époques ceux qui l'avaient conçu ou qui avaient reçu la mission de le faire prévaloir. Mais lorsqu'il s'agit de protéger les intérêts commerciaux du pays, il y a une grande différence entre un directeur général des douanes et un ministre du commerce, et l'on doit espérer beaucoup de celui qui a signalé la première année de son administration par le bienfait d'une enquête commerciale. Tout a pu être jusque-là incertitude ou déception, obscurité ou défiance; mais l'imposante valeur des faits, leur publicité nécessaire, l'impartialité et la franchise des discussions, ne sauraient conduire qu'à la vérité, et ne provoquent que la confiance.

Si le système que nous défendons a trouvé en 1822 un adversaire dans M. le comte de St-Cricq, alors que l'expérience n'avait point encore prononcé, et que l'opinion publique elle-même flottait incertaine, ne pouvons-nous pas rappeler aussi ces paroles qui dès lors nous offraient le gage d'un meilleur avenir : « De telles innovations sans doute » peuvent être conseillées par des circonstances toutes » nouvelles ; mais il faut laisser à l'opinion, alors surtout » que de si puissans intérêts ne permettent pas de craindre

» qu'elle demeure inactive, le temps de constater ces cir-
» constances nouvelles, de réclamer ces innovations. Le de-
» voir du gouvernement est de l'avertir, de l'observer, d'ai-
» der à son développement par la publicité des faits, non
» de la devancer, encore moins de la contraindre. »

Le temps est venu. L'opinion a fait son devoir, et le gouvernement fera le sien.

MÉMOIRE

SUR

LE TARIF DES SUCRES.

PRODUCTION ET CONSOMMATION.

« Le monde, dit Montesquieu, se met de temps en temps » dans des situations qui changent le commerce. »

Les grandes modifications survenues de nos jours dans la production ainsi que dans la consommation des denrées coloniales, sont une preuve évidente de cette vérité.

Dans le système politique et commercial qui a régi le monde depuis le 16e jusqu'à la fin du 18e siècle, la production et l'approvisionnement de l'Europe en denrées des tropiques étaient presque exclusivement dévolus aux Antilles, dont quelques puissances maritimes se partagaient la souveraineté.

La population de ces îles, constamment décimée par les maux attachés à la servitude, par l'excès du travail et par les ardeurs d'un climat dévorant, se recrutait incessamment par la traite. La traite et l'esclavage domestique étaient les fondemens du système colonial de l'Europe.

1

La France et l'Angleterre occupaient, sous ce rapport, le premier rang, et trouvaient dans cet ordre de choses des avantages qui leur en déguisaient les vices. En 1788, l'Angleterre tirait de ses Antilles 200 millions de livres pesant de sucre, dont elle consommait les quatre cinquièmes, et réexportait le reste; mais le plus grand avantage peut-être que l'Angleterre trouvât dans son système colonial, était la possession de points commerciaux merveilleusement situés pour l'interlope, à l'aide duquel elle inondait le Mexique, le Brésil, l'Amérique du sud et les Antilles étrangères, des produits de ses manufactures.

Dans le même temps, la France recevait de ses colonies environ 180 millions de livres de sucre, dont elle consommait le quart ou le cinquième, et réexportait le reste. Elle approvisionnait la Hollande, le Levant, les villes anséatiques, l'Allemagne, l'Italie et la Suisse.

A cette époque, Cuba, le Brésil, toute l'Amérique espagnole, paralysés par le monopole colonial, étaient ignorés du monde commercial et s'ignoraient eux-mêmes. Leurs productions restreintes n'alimentaient que les marchés de l'Espagne et du Portugal, et la culture y demeurait inerte faute de débouchés. Les exportations de l'Inde en sucres étaient presque nulles.

Tous ces rapports sont changés.

L'abolition de la traite des nègres a tari cette source d'iniquités, où les colonies de l'Europe allaient autrefois puiser leurs premiers élémens de richesse et de production. Cette mesure, sollicitée par l'Angleterre, et même imposée par elle à plusieurs puissances, reçoit de jour en jour les complémens dont elle avait besoin pour atteindre définitivement son but. Les lois des nations et les traités ajoutent chaque année aux dispositions répressives ou préventives qui doivent mettre un terme à ce trafic réprouvé de l'humanité entière. En admettant que ce résultat soit obtenu, il est évident que la population esclave des Antilles doit décroître continuellement, puisqu'il est constant que la reproduction naturelle ne peut, dans l'état actuel des choses, combler les vides produits par la mortalité.

Saint-Domingue est perdu pour la France; cette riche colonie, qui, seule, fournissait jadis la moitié de nos importations en sucres.

Plusieurs autres colonies sont, par les événemens de la guerre, tombées dans les mains de l'Angleterre. Nos importations coloniales ne sont que la moitié de ce qu'elles étaient jadis; la consommation les absorbe, la réexportation a totalement cessé.

D'une autre part, le commerce de Cuba et du Brésil est redevenu libre; l'Amérique espagnole s'est affranchie. Le Brésil, Cuba et Porto-Ricco livrent à la consommation et au commerce plus de 200 millions de kilogrammes de sucres par an. La Louisiane et les Florides fournissent 15 millions de kilogrammes à l'exportation. L'Inde anglaise en envoie 10 millions à sa métropole et aux Etats-Unis. Les immenses et fertiles contrées de l'Amérique espagnole, dégagées des entraves d'un système vieilli, s'apprêtent à entrer dans le champ de la concurrence universelle. La canne à sucre y croît avec abondance dans toute la partie intertropicale. Suivant M. de Humboldt, le Mexique exportait en 1802 et 1803 pour environ 1,500 mille piastres de sucre par an; combien ce produit ne peut-il pas s'accroître avec la liberté du commerce! La Colombie jouit des mêmes avantages; la quantité considérable de sucre qui s'y produit, et qui se consomme dans le pays faute de communications, ne peut tarder à devenir un article d'exportation. L'Egypte, où la canne à sucre fut cultivée dès la plus haute antiquité, commence à reprendre cette culture; elle prospérait en Espagne sous la domination des Maures, et ce précieux roseau enrichira les provinces méridionales de la Péninsule, dès qu'un gouvernement protecteur de l'agriculture y secondera l'heureuse influence du beau ciel de Grenade et de l'Andalousie *. L'Inde, où se dirigent encore avec des regrets mêlés d'espérances les regards du commerce; Java, Siam, les Moluques; la Cochinchine, avec laquelle des relations très-avantageuses ont été essayées depuis quelques années par le commerce de Bordeaux, comptent le sucre parmi leurs principaux moyens d'exportation.

« Le temps approche, dit M. de Humboldt, où les denrées coloniales seront en grande partie le produit, non de colonies, mais de pays indépendans; non d'îles, mais des grands continens de l'Amérique et de l'Asie. » A l'autorité du savant voyageur, ajoutons celle d'un homme d'état justement respecté. « Ce n'est point la seule abolition de la traite, a dit M. de Barbé-Marbois, qui a mis fin au régime colonial, et qui de profitable qu'il était l'a rendu onéreux à nos finances. Le régime exclusif a, pendant un siècle et plus, maintenu les Antilles dans la possession et le com-

---

* A la dernière exposition des produits de l'industrie à Madrid, figuraient des échantillons de sucre de canne indigène, et il en a été récemment raffiné à Paris par MM. Perier. (*Bulletin des sciences geographiques et statistiques.* T. 14.)

merce de ces denrées privilégiées, à peine cultivées alors
dans le reste du monde; mais elles appartiennent aujour-
d'hui à tous les climats où la chaleur et le sol leur sont favorables. Par toute la terre, entre les tropiques, des bras
libres les produisent avec d'autant plus d'avantages pour les
propriétaires du sol, que la plupart sont en même temps
cultivateurs. Tandis que ceux-ci cultivent aux moindres
frais, les vieilles colonies ne peuvent s'affranchir des dépenses que nécessite l'esclavage, et de celles que les gouvernemens anglais et français y ont tour à tour introduites.
L'Amérique méridionale, ajoute-t-il, peut remplacer abon-
damment tout ce que nous avons perdu, et le remplacera
avec avantage.»

Une révolution non moins remarquable s'est opérée dans CONSOMMATION.
la consommation.

Avant le 18e siècle, le sucre n'était guères en Europe
qu'un article de droguerie; on ne le trouvait généralement
que dans les officines des pharmaciens.

Pendant le dernier siècle, cette denrée s'est introduite
dans le régime alimentaire des classes supérieures, sans
cesser d'être un objet de luxe, dont par cette raison la consommation quoique progressivement agrandie, restait
encore relativement fort restreinte. Au commencement du
18e siècle, l'Angleterre consommait environ 20,000 barriques de sucre; à la fin de la même période, sa consommation était huit fois plus considérable.

La consommation de la France n'était encore en 1788 que
de 22 millions de kilogrammes; c'était environ une livre
trois quarts par individu.

L'usage de cette denrée n'était encore répandu que dans les classes aisées de la société. Cet état de choses ne tenait point au défaut de production coloniale, puisque la France fournissait aux besoins de presque toute l'Europe, et que les sucres, qui faisaient pour elle le principal élément d'un vaste commerce, auraient pu faire face aux demandes d'une consommation intérieure 4 ou 5 fois plus considérable; ce n'était pas non plus le fisc qui gênait la consommation, car les sucres de nos colonies ne payaient qu'environ 9 p. 0/0 de la valeur. Si la France, avec une population plus élevée de moitié en sus que celle de l'Angleterre, avait une consommation en sucres égale seulement au tiers de celle de ce pays voisin, il ne faut pas en chercher la cause ailleurs que dans un système politique qui, en concentrant dans un petit nombre de mains les propriétés, les richesses et tous les avantages sociaux, excluait les masses des jouissances qui en découlent.

Dès cette époque, d'après les calculs de Lavoisier, Paris seul consommait 6,500,000 livres pesant de sucre, soit environ 10 livres par tête d'habitant.

La révolution arriva: la guerre maritime donna une impulsion très-forte à l'industrie et au commerce de l'Angleterre. La production, secondée par une politique uniquement occupée à lui ouvrir des débouchés, et par les prodigieuses applications des découvertes d'Arkwrigt et de James Watt aux travaux de l'industrie, prit un immense développement, et les consommations de tout genre en suivirent les progrès. Celle du sucre s'éleva en 1810 jusqu'à 350 millions de livres. Elle a diminué depuis ce temps; en 1824 M. Huskisson l'évaluait à 300 millions de livres.

La révolution de Saint-Domingue, la perte de nos colonies, l'interruption du commerce maritime, retardèrent pour la France, en ce qui concerne les denrées coloniales, les progrès que la division des propriétés et l'accroissement considérable de la production agricole avaient fait faire à toutes les consommations. D'après M. Chaptal, la consommation du sucre ne fut, en 1801, que de 25,220,000 kil.; elle fut en 1806 d'environ 30 millions de kil.; et si l'on tient compte des accroissemens de territoire et de population, on voit qu'elle avait plutôt rétrogradé qu'avancé. En 1813, sous l'influence d'un droit d'entrée de 300 fr. par 100 kil., les importations ne s'élevèrent qu'à 7 millions de kil.; et l'on se souvient encore par combien d'essais plus ou moins ingénieux les arts chimiques s'efforcèrent de venir au secours de la consommation. C'est depuis la paix maritime que nos progrès, sous ce rapport, ont été vraiment prodigieux. En 1816, la France, rentrée dans ses anciennes limites, ne consommait pas 25 millions de kil., dont plus de 7 millions venaient des possessions étrangères. Elle consomme maintenant plus de 60 millions de kil., c'est-à-dire environ 2 kil. par personne.

Aux Etats-Unis, d'après M. de Humboldt, la consommation individuelle peut être évaluée au double de cette quantité. Nous ne possédons pas de données bien positives sur l'état des consommations dans les Pays-Bas et en Allemagne *; l'on peut seulement conclure de l'accroissement

---

* Il résulte d'un tableau annexé à une note remise en 1826 à M. Canning par le baron de Maltzahn, ministre de Prusse à Londres, que l'importation des sucres en Prusse aurait été en 1823, de 169,312 quintaux de sucre brut et 111,800 quintaux de sucre raffiné, ce qui suppose une consommation individuelle à peu près égale à celle de la France. Mais il faut observer que ce tableau, destiné à

des importations annuelles, que les sucres y trouvent des débouchés de plus en plus considérables. En 1822, l'importation des sucres à Hambourg fut de 64,692,640 livres; elle s'est élevée en 1825 à 80 millions. Il a été reçu dans le port d'Anvers, .

En 1825 — 35,984 ⎫
En 1826 — 46,984 ⎬ caisses de sucre Havane.
En 1827 — 56,175 ⎭

Les autres qualités présentent le même accroissement.

La consommation de l'Angleterre, d'après les chiffres présentés ci-dessus, s'élève à peu près à 7 kilogrammes par tête; celle de Paris est encore plus considérable; elle peut être estimée à 10 millions de kilogrammes, soit environ le sixième de la consommation de la France, ou 12 kilogrammes par individu; et celle de Londres est probablement beaucoup plus élevée *.

Ces chiffres manifestent une importante vérité; c'est que la consommation du sucre, parfaitement appropriée à nos goûts et à notre régime alimentaire, est susceptible de s'ac-

---

montrer l'importance des relations de la Prusse avec l'Angleterre, ne comprend que les importations venant de la Grande-Bretagne, et que d'ailleurs il ne fait pas mention de la contrebande qui introduit en Prusse d'assez grandes masses de sucres raffinés.

* Les entrepôts de Londres livrent annuellement à la consommation et aux fabriques de cette capitale de 140 à 150,000 barriques de sucre : cette quantité est à peu près le double de celle que mettent en œuvre les raffineries de Paris. Il faudrait pour connaître la consommation intérieure en déduire les quantités qui s'exportent, soit pour les besoins du pays, soit pour l'étranger, ce qui ne peut être évalué avec exactitude.

croître indéfiniment, et ne peut être entravée que par l'insuffisance de la production, ou, ce qui revient au même, par les obstacles mis à la liberté des échanges et par les exigences fiscales. De toutes les causes qui ont imprimé un élan si rapide à cette branche de nos consommations depuis 1814, la principale a été sans doute la baisse considérable survenue dans les prix. On peut suivre les effets qu'elle a produits dans le tableau ci-annexé. (*Voir à la fin le tableau n° 1.*)

Une grande erreur de notre législation depuis cette époque a été de méconnaître ces faits, et de traiter les sucres comme objet de luxe, au lieu de les considérer comme une denrée de consommation générale. L'on semble avoir voulu en restreindre l'emploi, tandis que tout prescrivait de tendre sans cesse à l'accroître. On a augmenté l'impôt, lorsqu'il aurait fallu le diminuer dans l'intérêt de l'industrie, de la consommation et du trésor lui-même.

Ces vérités sont devenues populaires chez les Anglais, qui nomment le sucre *le blé des tropiques*, exprimant ainsi d'une manière aussi laconique que significative qu'ils regardent cette denrée comme un objet de première nécessité. Dans l'ordre de l'importance agricole, alimentaire et commerciale, ils la classent au second rang, immédiatement après le blé; les écrivains officiels, les orateurs du gouvernement s'y applaudissent de l'immense consommation que le pays en fait, et manifestent en toute occasion le désir et l'espérance de l'étendre encore.

Si l'on est forcé de reconnaître qu'en France l'emploi de cette denrée tend de jour en jour à s'accroître, malgré les obstacles que notre législation lui oppose, qu'il se généralise et descend dans toutes les classes du peuple, et que la consommation ne reconnaît depuis plusieurs années d'autres limites que celle des arrivages; il faudra bien avouer aussi que notre système commercial doit être mis en harmonie avec ce nouvel état de choses. En admettant le principe des impôts de consommation, rappelons-nous les règles fondamentales de ce genre de taxes; c'est que plus une denrée devient nécessaire à la consommation, moins elle doit être grevée de droits, et qu'il est aussi absurde qu'oppressif de traiter à cet égard un produit d'un usage général comme un objet de luxe. Cela est absurde, car en gênant et en diminuant la consommation, on restreint la matière imposable et par conséquent le produit même de l'impôt; oppressif, car l'on s'attaque à des besoins réels: on réduit la somme de jouissances auxquelles les classes laborieuses ont droit de prétendre relativement à la somme de leurs travaux productifs; l'on fait peser sur la consommation générale une espèce de loi somptuaire opposée à nos idées et à nos mœurs actuelles, et que les gouvernemens les plus ignorans n'ont eux-mêmes jamais appliquée qu'à ces jouissances factices dont se repaît l'oisive opulence.

Prétendrait-on justifier l'exagération de l'impôt des sucres en alléguant l'origine étrangère de cette denrée? Personne n'ignore aujourd'hui que les produits exotiques que nous consommons sont la représentation d'une valeur égale en produits de notre sol et de notre industrie que nous avons donnés en échange, et que, de quelque part qu'il nous vienne, nous produisons effectivement notre sucre en vins, soieries, tissus, etc. Ces vérités ont été senties pour les cotons en laine qui sont exotiques comme le sucre; le droit de consommation est très-faible sur ce lainage, et l'on se récrierait de toutes parts s'il était encore une fois question de l'augmenter. Pourquoi cela ? parce que la consommation des cotonnades est devenue l'un des premiers besoins du peuple. Il n'y a donc, relativement au sucre, qu'une seule question à examiner pour déterminer l'impôt qu'il doit raisonnablement supporter; celle de savoir jusqu'à quel point cette denrée est entrée dans le cercle de la consommation générale, et quelle place elle peut y occuper sous l'empire d'une législation moins fiscale et moins restrictive en même temps.

Pour décider cette dernière question, il suffit de jeter les yeux sur la marche de nos consommations depuis 1816. Cette période se divise naturellement en deux parties : la première finissant en 1822, époque où fut établie la législation actuelle sur les sucres étrangers; la seconde partant de cette année jusqu'en 1827. La consommation de la France a été en 1816 de. . . . . 24,590,075 kil.

    En 1822 de. 55,481,004

    Augmentation. 30,890,929

Elle a été en 1827 de 60,317,631 kil. Mais il faut tenir compte de la quantité de sucres blancs ou terrés importés qui diminue annuellement. Elle figure dans les importations de 1822 pour 5,822,276 kilogr., tandis qu'en 1827 elle n'est plus que de 1,292,741 kilogrammes. En réduisant ces quantités en sucres bruts, d'après le principe généralement admis que 2 kilogrammes de sucre terré équivalent à 3 kilogrammes de sucre brut, les importations se trouveront être en 1822 de. . . . . 58,392,142 kil.

    En 1827 de. 60,964,001

    Augmentation. 2,571,859

La population de la France s'étant accrue dans cet inter‑
valle de 1,380,137 habitans, on trouve par un calcul facile à
vérifier que l'augmentation ci-dessus correspond précisé‑
ment à celle du nombre des consommateurs. Mais les su‑
cres acquittés fournissant la matière de l'exportation ainsi
que de la consommation, il faut tenir compte de l'une pour
avoir une idée exacte de l'autre. Or, d'après les états offi‑
ciels, il a été exporté en 1827, 3,789,498 kilogrammes de
sucres raffinés, tandis qu'en 1822 l'exportation n'avait été
que de 1,961,207 kilogrammes. Il en résulte une différence
de 1,828,291 kil., supposant la mise en œuvre de 3,500,000
kil. environ de sucres bruts, quantité qui exprime par con‑
séquent l'infériorité de la consommation en 1827 comparée
à celle de 1822.

Il résulte évidemment de ces faits : 1° que la consomma‑
tion de la France en sucres est fort en arrière de celle des
autres peuples, proportion gardée de la population, de l'ai‑
sance et de l'industrie respectives; 2° qu'après avoir pris un
grand essor jusqu'en 1822, elle est restée tout au plus sta‑
tionnaire depuis cette époque. Une cause unique rendra
raison de ce double phénomène; c'est le prix de la denrée.

A Anvers, le sucre raffiné, droits acquittés, ne coûte que
28 à 30 fl. le quintal ou 12 à 13 sous la livre; en Prusse *,
il ne vaut que 18 à 19 sous; à Hambourg, les plus belles
raffinades se vendent 14 à 15 sous la livre. Nous-mêmes, au
moyen de la prime d'exportation de 60 centimes par livre

---

* Dans la note de **M.** de Maltzahn, dont nous avons parlé ci-dessus, les
sucres raffinés sont évalués seulement à 20 thalers par quintal, c'est-à-dire
à 75 cent. la livre; et l'auteur annonce que les évaluations sont faites d'après
les prix courans, c'est-à-dire en comprenant le fret et les droits d'entrée.

que nous payons pour pouvoir approvisionner la Suisse, l'Allemagne, l'Italie et le Levant concurremment avec les raffineurs étrangers, nous mettons les habitans de ces pays en état de consommer nos sucres raffinés presque à moitié prix de ce qu'ils coûtent au consommateur français.

En France, la livre de sucre raffiné se paie ordinairement de 24 à 25 sous. En Angleterre, il est vrai, elle revient à peu près au même prix; mais il ne faut pas faire abstraction des circonstances économiques qui agissent dans les deux pays sur la valeur des objets de consommation. Le système financier de la Grande-Bretagne, l'accumulation des capitaux, l'extrême abondance des valeurs en circulation et des richesses mobilières y élèvent considérablement le prix nominal des denrées. Si l'on prenait pour point de comparaison, non la valeur en argent, mais la valeur relative d'après le prix moyen du blé dans les deux pays, ce qui donnerait une mesure plus exacte, on trouverait qu'une livre de sucre, achetée au même prix en France et en Angleterre, coûte réellement un tiers de moins au consommateur d'Angleterre qu'à celui de France.

Les élémens du prix des sucres raffinés, abstraction faite des frais de fabrication qui ne présentent pas de différences notables dans les divers pays, sont : 1° le prix de la matière brute à l'entrepôt; 2° les droits qui lui sont imposés lorsqu'elle passe dans les mains du manufacturier. La combinaison de ces deux élémens donne l'explication des différences que nous venons d'exposer.

En France, le sucre brut de nos colonies, qualité bonne ordinaire 4ᵉ, vaut en ce moment 50 francs les 50 kilog.

à l'entrepôt. A Anvers, les qualités analogues coûtent 17 florins et demi ou 36 fr. environ; à Hambourg, 7 deniers 1/2 la livre ou 36 francs les 50 kilogrammes; en Prusse 9 thalers 1/2 à 3/4 ou 37 francs les 50 kilogrammes.

La principale cause de ces différences est dans celle des prix sur les lieux de production.

Dans nos Antilles, les sucres bruts se maintiennent aux prix de 35 à 40 francs.

Dans les possessions étrangères, telles que Porto-Rico, Ste-Croix, la Havane et le Brésil, les espèces analogues s'obtiennent de 18 à 23 francs.

Les sucres de l'Inde, de Java, de la Cochinchine, sont livrés à l'exportation à des conditions encore plus favorables.

C'est dans ces vastes contrées, où la culture du sucre rapidement croissante est susceptible d'une extension indéfinie, que vont s'approvisionner les armateurs qui alimentent les marchés libres de l'Europe, sans avoir à consulter d'autres guides que l'avantage commercial et le bon marché. En France au contraire, par l'effet du monopole accordé à nos colonies, le commerce ne peut aller chercher des sucres que sur les points du globe où la production est la plus chère; et moyennant les surtaxes répulsives qui pèsent sur les sucres étrangers, ceux de nos colonies obtiennent au détriment de la consommation une prime de faveur qui ne s'élève pas à moins de 30 francs par 100 kilogrammes.

A cette différence déjà si préjudiciable au développement de notre consommation, il faut ajouter celle qui résulte de la plus grande élévation des droits d'entrée.

A Hambourg et dans les autres villes anséatiques, les sucres bruts ne sont soumis qu'à un simple droit de balance.

Dans les Pays-Bas, les droits sont établis comme il suit :

Sucres bruts, têtes et terrés 80 c. ou   1 f. 68 c. par 100 l.

Sucres bruts importés par

    Navires nationaux   10   ou   21 c. les 100 l.

Raffiné et sucre brut mé-

    langé avec du raffiné   36 fl. ou 75 f. 60 c. les 100 l.

En Prusse, tous les sucres bruts et terrés, quelle que soit leur provenance, payent un droit d'entrée uniforme de 5 thalers par quintal, ce qui équivaut à 18 f. 25 c. les 50 kilogrammes.

En Angleterre, ils sont assujétis aux droits suivans :

Sucres bruts des colonies 27 schellings le quintal ;

    Des Indes-Orientales 37   d°

        Etrangers 63   d°

On voit par ce qui précède qu'en France les sucres sont imposés à des droits d'entrée plus considérables que dans les autres pays. Nous n'en exceptons pas même l'Angleterre, bien que les chiffres que nous venons de rapporter semblent démentir notre assertion. Nous avons exposé plus haut les motifs de notre opinion à cet égard ; nous ajouterons qu'en Angleterre, les impôts de consommation forment presque la seule base du revenu public *, tandis qu'en France les taxes directes assises sur les revenus fonciers et industriels, et celles qui pèsent sur les capitaux sont les principaux élé-mens du système financier. Si les taxes anglaises influent sur les consommations, en élevant les prix des denrées

* En 1827, l'impôt du sucre est entré dans le revenu public pour 4,200,000 liv. sterl.

imposées, les nôtres agissent aussi sur elles en réduisant les moyens de consommer, ce qui au fond revient au même. Si donc les taxes directes et celles qui pèsent sur les capitaux, taxes presque nulles en Angleterre, étaient en France converties en impôts de consommation, et réparties proportionnellement sur les denrées consommables, on reconnaîtrait facilement que la consommation des sucres est beaucoup plus grevée au profit du trésor en France qu'en Angleterre. C'est en ce sens que M. Levêsque, député de la Loire-Inférieure, parlant de la modération de l'impôt du sucre dans ce pays, disait en 1826 : « une expérience con- » stante nous apprend que la consommation s'augmente par » la modération des prix, et qu'elle diminue au contraire » par leur accroissement, surtout lorsqu'il s'agit d'une den- » rée d'un usage général, et que le bas prix seul peut » mettre à la portée de tous les consommateurs. L'Angle- » terre, qui peut beaucoup plus que la France supporter » des droits élevés, a tellement senti la vérité de ce prin- » cipe, que ses droits de consommation sur le sucre ne sont » pas d'un cinquième environ plus élevés que notre droit de » 49 fr. 50. Aussi la consommation s'y est étendue d'une » manière surprenante. »

Nous devons d'ailleurs faire remarquer que les sucres des colonies anglaises étant bien supérieurs pour leur qualité et leur préparation à ceux de nos possessions, rendent à quantité égale des produits plus considérables en sucres raffinés, ce qui diminue proportionnellement la charge relative résultante des droits d'entrée *.

---

* On calcule que le raffineur anglais obtient de 100 lb. de sucre Jamaïque 50 lb. de sucre 4 cas., tandis que nos sucres n'en donnent que 45 lb.

Ces détails expliquent pourquoi la consommation de la France en sucres est de beaucoup inférieure à celle des pays qui nous environnent. Nous devons rappeler maintenant les circonstances qui en ont arrêté les développemens.

Dans les premières années de la restauration, les combinaisons de nos tarifs, en assurant à nos colonies l'écoulement de la totalité de leurs productions, permettaient d'acquitter avec avantage d'assez fortes masses de sucres étrangers. En 1820 l'importation s'en éleva à plus de 8 millions de kil. Dès qu'il était possible à la consommation de dépasser les limites de la production coloniale, elle pouvait s'étendre indéfiniment et suivre les progrès de l'aisance publique et de l'industrie qui crée les moyens de consommer.

Bien que, dans cet intervalle, l'échelle des taxes n'eût subi aucune modification, sauf une concession temporaire accordée en 1817 et qui fut prorogée jusqu'en 1819, portant remise du demi-droit sur les sucres rapportés de l'Inde et de la Cochinchine par navires français, le développement rapide des cultures coloniales et la concurrence des sucres étrangers opérèrent comme aurait pu le faire la diminution des droits; et si, de 1816 à 1820, la consommation doubla, c'est surtout parce que les prix descendirent de 360 à 283 francs pour 100 kilogrammes de sucre raffiné.

Jusqu'alors les arrivages de nos colonies s'étaient accrus dans la même proportion que les besoins. Les colons se prévalurent de ce fait pour réclamer une plus forte protection. Il était facile de voir cependant que le système existant assurait de grands avantages à leurs cultures; car l'accroissement d'une industrie agricole ou manufacturière est la plus forte preuve des bénéfices que présente son exploitation. L'influence coloniale prévalut dans les conseils du gouvernement et dans les chambres; la loi du 17 juin 1820 établit une surtaxe de 5 fr. sur les sucres étrangers.

Par l'effet de cette loi, les importations de sucres étrangers se trouvèrent réduites, dans chacune des années 1821 et 1822, à 3 millions de kil.

Cette première victoire, remportée sur le commerce et la consommation de la France, loin d'assouvir la cupidité des colons, ne fit que l'irriter par l'espoir d'un succès plus décisif encore. Le monopole le plus absolu pouvait seul les satisfaire; ils ne tardèrent pas à l'obtenir.

Dans la session de 1821, un autre projet de loi fut présenté, portant une nouvelle surtaxe de 15 fr. sur les sucres étrangers. La détresse des colons, les doléances des armateurs français faisant le commerce des colonies, furent les principaux motifs sur lesquels on fonda cette proposition. On produisit des calculs tendant à prouver que les planteurs français perdaient 10 à 12 fr. par quintal de sucre expédié en France, et que les armateurs subissaient une perte égale. On reconnaissait que la législation existante avait complétement atteint son but, en tant qu'elle suffisait pour assurer aux colonies françaises le monopole du marché de la France; mais on ne dissimulait pas que l'on voulait désormais en poursuivre un autre, celui d'élever les prix d'une manière artificielle, dans la proportion de 38 à 50 fr. les 50 kil. à l'entrepôt; c'est-à-dire d'imposer les consommateurs français au profit des planteurs d'une somme égale à cette différence. « Nous savons, disait M. le comte de » Saint-Cricq, tout ce que l'on peut objecter contre le but » avoué d'élever le prix d'une denrée que le consomma-

» teur pourrait obtenir moins chèrement. Tel est au reste
» l'objet également proclamé de presque tous les droits de
» douanes; ils assurent aux produits du pays qui les impose,
» une prime qui est exactement la différence entre les prix
» qu'obtient le fabricant national et le prix auquel livre-
» rait le fabricant étranger. Le consommateur fait les frais
» de cette prime, et lui-même en trouve à son tour la com-
» pensation dans le travail qui en est le prix. »

La commission à laquelle le projet fut renvoyé par la
chambre des députés *, et dont M. de Bourrienne fut l'organe,
après avoir posé en principe que *le peuple le plus riche est toujours celui qui exporte le plus et qui importe le moins*, crut devoir
prémunir la chambre contre « ces grands spéculateurs de
» nations qui prêchent la destruction de ce que le temps a
» consacré, pour ne mettre à la place que des théories,
» des suppositions et des rêves; qui veulent sacrifier un
» commerce établi, utile, à des essais téméraires avec d'au-
» tres pays. »

Voici comment le rapporteur qualifiait un instant après
ce commerce *établi, utile* avec les colonies : « En 1820, les
» plaintes des colons et des armateurs amenèrent une sur-
» taxe de 5 fr. sur les sucres étrangers. Elle n'a pas eu le
» résultat que l'on s'en promettait. L'année passée ces plain-
» tes se sont renouvelées; l'on n'a pas pu y faire droit, et
» le mal s'est aggravé à tel degré qu'il n'y a plus de remède
» pour les désastres passés, et que bientôt l'espoir d'un
» meilleur avenir s'éteindra dans tous les cœurs. Le com-

____

* Cette commission se composait de MM. F. Durand, Morgan de Belloy, Bro-
chet de Verigny, le prince de Broglie, de Bourrienne, Syrieys de Mayrinhac,
Renouard de Bussière, Pavy et Haudry de Soucy.

» merce est détruit ou paralysé; les biens-fonds, dans les
» colonies, n'offrent plus qu'un médiocre intérêt; la culture
» se trouve menacée par l'avilissement de ses produits; les
» négocians français perdent sur leurs retours. »

Le gouvernement annonçait l'intention de porter à 75 fr.
le prix du quintal de sucre acquitté; la commission déclara
que 85 fr. étaient « le prix regardé comme nécessaire pour
» entretenir la culture du sucre dans nos colonies. » En conséquence, elle proposa de porter à 25 fr. la surtaxe de 15
francs demandée par le gouvernement. Ainsi, après avoir
démontré que le commerce colonial était onéreux à la
France et aux colonies, on prenait des mesures pour nous
réduire au commerce colonial; et en déclarant qu'après la
surtaxe de 1820 le mal s'était considérablement aggravé ,
l'on n'y voyait d'autre remède qu'une nouvelle surtaxe.

La session se passa sans que la loi fût discutée. Elle fut re-
produite à la session suivante, modifiée d'après les amen-
demens de la commission adoptés par le gouvernement.

La discussion qui s'engagea fut profondément empreinte
de ce vice capital dont, jusqu'à ce jour, a été constamment
entachée la préparation des lois qui doivent influer sur les
intérêts positifs de la société; nous voulons parler de cette
absence d'enquêtes publiques, de renseignemens précis et
de documens authentiques, sans lesquels le législateur, réduit à prononcer d'après une sorte de divination, commet
infailliblement les plus grandes erreurs. L'on ne daigna
pas même consulter le conseil général du commerce, qui à
d'autres époques s'était fortement prononcé pour la diminution des droits sur les sucres, et même pour l'affranchis-
sement commercial des colonies. Aussi le premier orateur

entendu * dit-il avec raison : « On ne saurait concevoir
» comment l'administration pourrait proposer des tarifs qui
» décideraient du sort de tant de branches rivales de l'in-
» dustrie française, sans avoir auparavant entendu les vœux
» et les réclamations de chacune de ces classes intéressées. »
En effet les doléances, ridiculement exagérées, contenues
dans les mémoires que les colons publiaient et répandaient
avec une activité et une profusion incroyables, furent à peu
près les seules autorités sur lesquelles on appuya la nécessité du changement proposé. Des documens réservés, et par
conséquent impossibles à contrôler, fournirent à l'administration quelques faits qu'elle divulgua un à un, selon les besoins variables de son argumentation, et dont elle sut tirer,
suivant les circonstances, les conséquences les plus contra-
dictoires. C'est ainsi qu'après avoir démontré en 1820 que
les colonies n'avaient aucune raison particulière de se plaindre, et que si elles souffraient c'était seulement du malaise
qui affligeait le monde commercial, M. de Saint-Cricq vint,
en 1822, motiver, sur les doléances des colons, une surtaxe
répulsive sur les sucres étrangers, et qu'après avoir prouvé
par des calculs incontestables que cette surtaxe devait être
de 15 fr., il démontra avec une égale certitude, quatre ou
cinq mois après, qu'il était urgent de la porter à 25 fr.

En 1820, le même administrateur avait dit : « Tous nos
» moyens d'échange avec l'étranger ne doivent pas être sa-
» crifiés à nos colonies » Il avait déploré la diminution de
plus de moitié dans nos expéditions pour l'Inde, occasionée
par l'élévation des droits sur les sucres de cette provenance.

* M. d'Estourmel.

En 1822, il pensait, au contraire, « que l'on se trompait » en affirmant que l'exclusion des sucres étrangers pût gê-» ner des exportations qui en seraient le prix. »

S'agissait-il de démontrer que le commerce avec les pays producteurs de sucre n'était nullement à regretter; on prouvait, par les états de commerce, soigneusement déro-bés à tous les regards, que nous ne pouvions parvenir à placer dans ces contrées les produits de notre sol et de no-tre industrie, et que nous étions réduits à payer par d'é-normes envois en piastres les denrées que nous en rappor-tions. Fallait-il au contraire justifier devant la chambre des pairs la concession du demi-droit temporairement accordé aux navires qui rapportaient des sucres de l'Inde et de la Cochinchine; les états de commerce étaient encore là pour prouver que les armateurs qui avaient profité de cette fa-veur avaient expédié, en produits du sol et de l'industrie, pour une valeur plus forte que celle des sucres qu'ils avaient importés.

Les intérêts de la consommation et du commerce français ne succombèrent pas dans cette lutte sans avoir été défendus par d'habiles interprètes. M. Lainé démontra que les colo-nies ne pouvaient fournir aux besoins de la métropole : « Ecoutez jusqu'au bout leurs défenseurs, ajoutait-il, ils » vont jusqu'à vous dire : combinez les choses de telle sorte » que nous puissions retirer de nos sucres la somme de 85 fr.; » c'est comme si l'on disait en France : il faut que mon blé » et mon vin se vendent tant, arrangez votre budget en » conséquence. »

M. Basterrèche, M. Lainé de Villevêque, M. Sébastiani, M. Duvergier de Hauranne, demandèrent la diminution des droits sur les sucres de toute provenance. M. Leseigneur alla jusqu'à proposer leur admission moyennant un simple droit de balance. Tous ces efforts se brisèrent contre l'intérêt mal conçu du fisc, et contre les exigences coloniales. Le rapporteur, regardant sans doute la question comme une affaire d'allégeance, avait dit : *soyez loyaux et fidèles envers les colonies*; la législature répondit à cet appel en sanctionnant l'acte qui devait resserrer les liens du vasselage commercial de la France envers ses îles à sucre.

Les effets de la loi de 1822 ne se firent pas attendre. Le prix des sucres bruts avait varié en 1822 de 60 à 70 fr., par quintal acquitté; il s'établit comme il suit dans les années suivantes :

En 1823, de 72 à 92 fr.
En 1824, de 65 à 85
En 1825, de 75 à 105
En 1826, de 78 à 92
En 1827 dans les mêmes limites.

La consommation resta stationnaire et même rétrograda, comme nous l'avons établi plus haut en comparant celle de 1822 à celle de 1827. Le prix des sucres raffinés n'ayant point suivi la progression de ceux des sucres matières *, il

---

* L'état que nous donnons à la fin (n° 1) semble même faire ressortir une baisse d'environ 12 fr. par quintal métrique, de 1822 à 1827, sur le prix moyen des sucres raffinés; mais cette diminution n'est qu'apparente. Elle représente pour la plus forte partie la surcharge en papier et en ficelle, que dans cet intervalle les raffineurs ont portée de 6 à 10 p. 100 pour atténuer les pertes qu'ils éprouvaient.

est résulté de cet état de choses des pertes considérables qui
ont cruellement atteint les raffineries françaises.

Les variations énormes qui se sont fait sentir annuellement dans les prix des sucres ont été plus nuisibles encore
que leur élévation. L'exclusion des sucres étrangers, ban-
nis de la consommation, ayant strictement renfermé nos
approvisionnemens dans les limites de la production coloniale, les fabricans se sont vus constamment, après la cessation des arrivages, contraints de subir la loi des déten-
teurs. Il est attesté par les états officiels que le 1er janvier de
chaque année, tous les entrepôts de France ne renferment
ordinairement pas au-delà de 24,000 barriques de sucre brut;
c'est avec de si faibles quantités, qui suffisent à peine aux
besoins de deux mois, qu'il faut attendre la fin d'avril,
époque où les arrivages recommencent. Dans une situation
pareille, et lorsqu'il est si facile de connaître jour par jour,
à cent barriques près, l'état des provisions, des consommations et des besoins pour toute la France, est-il étonnant
que, tantôt par l'effet d'une spéculation, tantôt par le résultat naturel de la rareté, le prix de la denrée à l'entrepôt
éprouve à certaines époques une hausse de 30 à 40 p. o/o,
comme on l'a vu plus d'une fois?

De toutes les causes dont les effets pèsent le plus cruellement sur l'industrie du raffinage du sucre, celle-ci est sans
contredit la plus funeste ; elle suspend pendant toute sa du-
rée l'exportation des sucres raffinés; elle diminue fortement
la consommation intérieure, et force enfin le raffineur pendant plusieurs mois, ou d'arrêter ses travaux, ou de vendre
les sucres raffinés à grande perte, parce que très-rarement
le produit fabriqué suit la progression de la hausse de la

matière première. Il n'est pas de situation plus déplorable
pour une industrie manufacturière quelconque, que celle
d'être soumise à de grandes et fréquentes fluctuations dans
le prix de la matière brute qu'elle emploie ; l'extrême concurrence qui existe aujourd'hui dans toutes les industries ,
et plus encore la volonté du consommateur de ne pas dépasser de certaines limites, la mettant dans l'impossibilité
d'obtenir pour ses produits manufacturés des prix propor-
tionnés à ceux qu'elle est forcée de se laisser imposer pour
la matière première. Nous disons, *forcée de se laisser imposer*,
parce que dans beaucoup de fabrications et dans le raffinage
du sucre surtout, on ne s'arrête pas à volonté ; il faut, malgré
soi, continuer à travailler sous peine de faire des pertes
considérables de toute espèce. Tout ce qu'un raffineur peut
faire, c'est de diminuer le travail graduellement ; encore ne
le peut-il qu'en faisant de grands sacrifices en salaires, intérêts de capitaux et d'usine, faux frais, etc.

Cette impuissance reconnue du raffineur à obtenir pour
le produit fabriqué un surcroît de prix proportionné à la
hausse que subit la matière première, cette invincible ré-
sistance du consommateur à la plus légère augmentation
sur le cours du sucre raffiné, est la réponse la plus dé-
cisive à cette assertion de M. le comte de Saint-Cricq, que
« de tous les objets de grande consommation, le sucre
» est un de ceux dont le bas prix importe le moins. » S'il
était nécessaire de produire d'autres argumens pour la
combattre, il nous suffirait de dire, en nous référant aux
développemens donnés plus haut : de 1816 à 1822 le prix
moyen des sucres raffinés est descendu de 440 à 250 francs
par quintal métrique, et la consommation s'est élevée de

4

24 à 55 millions de kilogrammes de sucres bruts : de 1822
à 1828, ce prix n'a pas sensiblement varié, et la consommation est demeurée stationnaire. En présence de ces faits,
n'est-il pas de la dernière évidence que si les prix subissaient de nouveau une réduction notable, s'ils descendaient
à 200 ou 205 fr., la consommation prendrait aussitôt un
accroissement que l'on ne peut évaluer à moins de 30
millions de kilogrammes, et que dans quelques années elle
s'élèverait au double de ce qu'elle est aujourd'hui?

Une diminution dans les droits est le seul moyen à la dispo-
sition du législateur pour produire un semblable résultat.

Si cette diminution était de peu d'importance, par
exemple de 5 fr. ou même de 10 fr. par quintal métrique,
le prix des sucres bruts diminuerait de la même quotité;
mais comme ce prix, ainsi que nous l'avons démontré plus
haut, a cessé d'être en rapport avec celui du produit fabriqué, il est vraisemblable que les raffineurs profiteraient
de la réduction pour rétablir l'équilibre entre les avances
qu'ils sont forcés de faire et la valeur des sucres raffinés.
Le prix de ceux-ci se maintiendrait aux taux actuel auxquels
les consommateurs sont habitués, et la consommation n'aug-
menterait pas : la réduction ne profiterait donc qu'aux raffineurs et atténuerait, sans avantage pour les masses, les revenus du trésor. Aussi M. le comte de Saint-Cricq a-t-il
répété plusieurs fois avec raison que, pour accroître la consommation du sucre, il faudrait que le droit fût diminué
de 15 ou 20 fr. au moins.

Si l'on diminuait les droits sur les sucres étrangers seulement, il y aurait sans doute amélioration proportionnée
à l'importance de la réduction : outre l'avantage de pouvoir

rétablir l'équilibre entre le prix revenant et le prix de
vente du produit fabriqué, les raffineurs y trouveraient celui d'un approvisionnement plus considérable dans les entrepôts, qui les affranchirait, jusqu'à un certain point, des
variations actuelles des cours, et du monopole des déten-
teurs de la matière. Mais si la diminution était faible, elle
ne profiterait qu'aux raffineries, par les raisons que nous
avons déduites; si elle était considérable, elle retirerait à
nos colonies la protection que leur assure le tarif actuel,
sans leur offrir aucune compensation.

Enfin, si la réduction n'avait lieu qu'en faveur des sucres
de nos colonies, elles seules en profiteraient, et la consommation n'y gagnerait absolument rien parce que les prix reste-
raient les mêmes. En effet, comme on l'a dit dans un écrit
récemment publié *, une telle mesure ne peut être profitable
à tous que lorsqu'il y a une assez grande abondance de la
marchandise pour satisfaire à tous les besoins nouveaux,
que le prix plus bas ne peut manquer de faire naître. En
définitive, c'est toujours la consommation qui règle et déter-
mine le prix des denrées; et comme aux prix actuels elle
absorbe déjà tout ce que les colonies peuvent produire, il
est certain que, malgré la diminution des droits, elle maintiendrait les sucres acquittés à ces mêmes prix. Peut-être
même les verrait-on s'élever encore; en effet, cette nouvelle faveur accordée à nos colonies opérerait comme une
nouvelle surtaxe sur les sucres étrangers, et serait une
nouvelle sanction donnée au monopole dont jouissent les
planteurs français. Le trésor verrait son revenu diminuer

* *Deux Lettres à M. le comte de Vaublanc sur le système colonial.*

de toute la différence entre l'ancien et le nouveau droit, et même des taxes qu'il perçoit sur les petites quantités de sucres étrangers qui peuvent encore trouver place dans la consommation.

En résumé, la diminution de l'impôt des sucres doit être importante, pour exercer sur les prix une influence favorable à la consommation, et par suite au revenu public; elle doit être appliquée aux sucres de toute provenance, et combinée de manière à réserver à nos colonies une protection suffisante pour assurer le placement avantageux de leurs produits, tout en diminuant cette protection par l'abaissement de la surtaxe qui pèse sur les sucres étrangers. Le tarif suivant, conforme aux vœux du commerce et de l'industrie, semble le plus propre à concilier tous les intérêts, à résoudre toutes les difficultés.

DROITS PROPOSÉS.

Sucres de nos colonies par 100 kilogrammes.

Bruts	de Bourbon	25 fr.
	des autres colonies	30
Terrés		50

Sucres étrangers par navires français.

De l'Inde	bruts autres que blancs	45
	blancs	70
Bruts de toute autre provenance		48
Du Brésil.	blonds	60
	blancs	75
De la Havane	blonds	70
	blancs	85

PRIMES A L'EXPORTATION.

Sucres raffinés par 100 kil.	100
Mélasses	12

Dans ce système, les sucres de nos colonies s'établissant

au cours moyen de 65 fr. par quintal acquitté, les sucres raffinés pourraient être livrés à la consommation au prix de 105 fr. par quintal ou 1 fr. 05 la livre; et l'on peut même espérer que les avantages assurés aux raffineurs par l'accroissement de la consommation, et par une plus grande facilité à s'approvisionner dans les entrepôts à des conditions plus fixes et plus modérées, ceux que retireront les fabricans de l'intérieur de la concession probable de la faculté d'entrepôt aux villes méditerranées réduiront le prix de vente des sucres raffinés à 1 franc.

TRÉSOR ROYAL.

L'heureuse influence qu'une telle réduction exercerait inévitablement sur la consommation des sucres est un fait démontré par l'expérience, et qu'il n'est pas permis de révoquer en doute. Mais nous ne devons pas oublier qu'il s'agit d'un impôt, que l'intérêt du fisc est aussi un intérêt national, et que ce serait bien en vain qu'on aurait dégrevé les consommateurs, s'ils étaient obligés comme contribuables de remplir un vide opéré dans les caisses publiques par l'effet même des mesures adoptées pour leur soulagement. Cette considération nous amène à comparer sous le rapport fiscal les résultats de la législation existante avec ceux que produirait le tarif que nous proposons.

Le trésor a perçu en 1822

Sur 52,304,050 kil.	de sucres français . . .	26,750,609 f.
Sur 4,318	de mélasses.	760
Sur 3,176,954	de sucres étrangers. . .	5,508,438
Total sur 55,317,631	de sucres et 4,318 de mélasses	32,259,807 ci 32,259,807

<pre>
                                        Report   32,259.807   -

Il a perçu en 1827

   Sur 59,373,255 kil. de sucres français . . . 29,015,007
   Sur   85,618   de mélasses. . . . . , .   11,302
   Sur   944,376   de sucres étrangers. . .   1,145,103
Total sur 60,317,631 de sucres et 85,618 de
                      mélasses . . . . 30,171,412 ci 30,171,412
                      Diminution.   2,088,395
</pre>

Ainsi l'effet de la loi de 1822 a été tel, que les acquittemens de 1827 ayant dépassé de 5 millions de kilogrammes
ceux de 1822, le revenu public s'est trouvé réduit de plus
de 2 millions de francs. Mais ce n'est pas la seule perte, ni
la plus considérable qu'il ait éprouvée par suite de la législation actuelle. Il faut aussi tenir compte de l'accroissement des primes payées à l'exportation.

Depuis 1822, ces primes étaient la restitution pure et
simple des droits perçus sur les sucres matières venant, soit
de nos colonies, soit de l'étranger. La loi rendue à cette
époque s'était bornée à assurer aux colons le monopole du
marché intérieur; en 1826 on alla plus loin, et on y ajouta
celui de nos ventes au dehors. Ce résultat fut obtenu, en
substituant au simple drawback qui existait auparavant,
une prime unique calculée sur le montant du droit perçu à
l'entrée des sucres de nos colonies, augmenté de toute la
plus value qui leur est assurée sur les marchés français par
l'exclusion des sucres étrangers. Les résultats de cette mesure
ont été tels, que l'importation des sucres étrangers, qui s'était
maintenue au taux moyen de 3 millions de kil. par an de 1822
à 1826, est descendue en 1827 à 944,376 kilogrammes.

Au moyen de l'élévation de la prime, portée de 110
à 120 fr. par 100 kilogrammes, le système établi par la loi

de 1826 n'a point été nuisible à nos exportations, qui se sont accrues tous les ans depuis 1816, et qui ont dépassé en 1827 celles de l'année précédente d'environ 470,000 kilogrammes. Mais ces exportations, si chèrement rétribuées par le fisc, sont-elles réellement profitables? Elles l'étaient sans doute, lorsqu'il était possible d'accroître indéfiniment les importations de sucres étrangers destinés au raffinage pour le dehors; mais aujourd'hui que la production coloniale, déjà insuffisante pour satisfaire à nos propres besoins, est encore chargée de subvenir à nos ventes à l'étranger, il est évident que les sucres exportés sont pris sur le nécessaire et non sur le superflu de la France. L'absurdité de cette combinaison ressort d'une manière encore plus palpable, lorsque l'on compte les millions que la France sacrifie annuellement pour le singulier avantage de réduire ses propres consommations au profit des peuples voisins. Si l'administration ne déboursait pas 6 millions par an, afin de se donner le plaisir de grossir le chiffre de nos exportations, pour l'honneur de *la balance du commerce*, il est hors de doute que les 3 ou 4 millions de kilogrammes de sucres exportés seraient facilement absorbés par la consommation intérieure, avec avantage pour le pays et pour les raffineurs eux-mêmes. Les plus éclairés d'entre eux n'hésitent pas à reconnaître que depuis la loi de 1826, l'exportation leur est plus nuisible qu'utile, et les effets du système qu'elle a créé sont parfaitement expliqués dans le passage suivant d'un écrit publié à la fin de 1827 * par un fabricant instruit de la capitale :

* *Observations sur nos lois de douanes relatives aux productions de nos colonies.*

« Pendant les six mois des forts arrivages des sucres bruts
» de nos colonies, leurs prix sont ordinairement assez modé-
» rés pour que la prime soit suffisante pour provoquer les
» exportations. Il s'en fait alors une assez grande quantité
» pour la Suisse, une partie de l'Allemagne, l'Italie et le
» Levant; mais bientôt ces exportations, favorables jusqu'a-
» lors au raffineur, deviennent pour lui la cause de pertes
» considérab'es, en élevant les prix des sucres bruts à tel
» point que les raffinés ne peuvent plus être exportés, que
» leur consommation intérieure même s'en trouve affectée,
» et que la proportion, dans leurs prix respectifs, se trouve
» dérangée de telle sorte, qu'il ne reste d'autre alternative
» au raffineur que de cesser de fabriquer ou de vendre à
» perte. Le moment actuel offre précisément un nouvel et
» frappant exemple du déplorable résultat que nous venons
» de signaler.

» Pour messieurs les colons au contraire, la prime n'offre
» que des avantages et des profits. Elle leur donne au dehors
» une consommation nouvelle qui, jointe à celle de l'inté-
» rieur, amène une extension de concurrence qui tourne
» entièrement à leur seul avantage, et leur fait obtenir des
» prix auxquels, sans la prime, ils n'auraient jamais pu pré-
» tendre. Ainsi, le but que l'on s'était proposé, en élevant
» la prime à 120 fr., et qui était de protéger les raffineries,
» a été totalement manqué, parce que nos approvisionne-
» mens en sucres bruts sont nuls; et, en définitive, ce sont
» encore les colonies pour lesquelles cette mesure est deve-
» nue une nouvelle faveur, ainsi que cela était facile à pré-
» voir. »

Il n'est peut être pas inutile de rappeler que dès 1822,

l'administration avait conçu le projet de donner aux colonies, avec le monopole de notre marché intérieur, celui de nos exportations. Le système de la restitution des droits perçus à l'entrée, qui a conservé à la France pendant quelque temps de plus des relations commerciales également profitables à notre industrie, à notre marine et à nos consommations, fut introduit dans la discussion par un amendement dû à M. Lainé. M. le comte de St-Cricq, en défendant le projet primitif, caractérisa ainsi les deux systèmes proposés :
« Il est clair que dans les deux combinaisons, l'intérêt de
» nos exportations de sucres raffinés est également conservé ;
» mais il y a cette différence essentielle que, par le projet de
» M. Lainé, il est conservé aux dépens de nos colonies, et
» que, selon le nôtre, *c'est par une libéralité du trésor*, conser-
» vatrice des intérêts de nos colonies, qu'il y est pourvu. »

Lorsqu'ensuite il fallut soutenir devant la chambre des Pairs cet amendement qu'on avait combattu, M. le directeur-général des douanes déclara que le projet primitif était *plus dans l'intérêt des colons*, et que la modification introduite par la chambre élective était *plus dans l'intérêt du commerce*.

Puisque l'exportation est sans avantage pour la France, et que les primes qui l'alimentent sont une *libéralité* gratuite du trésor envers les colons, l'on conçoit que pour apprécier exactement le résultat financier du régime actuel, il convient de déduire du montant des droits perçus à l'entrée des sucres matières celui des primes payées à l'exportation. En comparant sous ce rapport les années 1822 et 1827, l'on obtient les résultats suivans :

En 1822, comme on l'a vu plus haut, il a été
perçu à l'importation des sucres de toute provenance,   32,259,807
dont il faut déduire :
Pour primes à l'exportation des sucres raffinés. . .   2,128,966
id. des mélasses.   498,405
                                                       2,627,371 ci 2,627,371
Le revenu net du trésor a donc été de..   29,632,436
En 1827, les perceptions à l'entrée ont produit..   30,171,412
Il a été payé en primes,
sur les raffinés.   5,487,296
sur les mélasses   636,361

                                                       6,123,657 ci 6,123,657
ce qui réduit le produit net pour le trésor à   24,047,855

Ainsi le résultat financier d'un accroissement de près de
5 millions de kilogrammes dans les importations de sucres
bruts, et d'une exportation plus que doublée en sucres raffinés, a été une perte pour le trésor de 5,584,681 francs.

Examinons maintenant quels seraient sous le même point
de vue les effets du tarif que nous proposons, en supposant
un accroissement de consommation de 20 millions de kilogrammes seulement.

Le trésor aurait à percevoir sur 5 millions de kil. de Bourbon
à 25 francs.. . . . .   1,150,000 fr.
sur 60 millions de kil. de bruts des Antilles à 30 francs.   18,000,000
sur 500,000 kil. de terrés de nos colonies à 50 francs.   250,000
sur 20 millions de sucres bruts étrangers à 48 francs.   9,600,000

                                        TOTAL.   29,000,000
                                        10ᵉ en sus.   2,900,000

                                                                31,900,000
Par contre, l'État aurait à payer à l'exportation
de 3,500,000 kil. de sucre raffiné à 100 fr. les
100 kil.   3,500,000
Pour 5 millions de kil. de mélasses à 12 fr.   600,000

                                                       4,100,000 ci 4,100,000

Produit net pour le trésor.	27,800,000
Il a été en 1827 de	24,047,755
Augmentation probable	3,752,245

Le calcul ci-dessus porte la consommation de la France, après la réduction proposée dans les droits, à 85 millions de kilogrammes. Aux prix actuels elle s'est élevée en 1826 à plus de 71 millions.

Les chiffres adoptés pour les importations coloniales et pour les exportations expriment en nombres ronds le taux moyen de ces dernières années.

Pour simplifier le calcul, et porter les évaluations au plus bas, nous n'avons mentionné que les sucres bruts étrangers, admis au droit de 48 francs. Si dans les 20 millions de kilogrammes entraient pour une quantité plus ou moins forte des sucres blonds, blancs ou terrés de la Havane, du Brésil ou de l'Inde, que nous proposons d'admettre au droit de 60 à 85 francs, le produit de la taxe dépasserait nos évaluations de plusieurs millions. Si ces 85 millions de kilogrammes étaient absorbés en entier par la consommation intérieure, indépendamment des exportations, l'augmentation de revenu serait de près de 8 millions.

« Une diminution de 15 à 20 francs dans les droits, » disait en 1825 M. le comte de St-Cricq, occasionerait » pour le trésor une perte de 10 à 12 millions, même en » tenant compte du surcroît de consommation. » Ces paroles seraient vraies, si, en diminuant les droits sur les sucres de nos colonies, on ne réduisait pas en même temps la surtaxe qui repousse les sucres étrangers. Mais il est démontré que dans le système que nous proposons, le trésor trouverait avant peu d'années un avantage au moins égal à la perte calculée par M. de St-Cricq.

Nous en avons pour garant cet administrateur lui-même qui disait en 1826 : « Le privilége réservé à nos colonies » porte pour nous le prix de la livre de sucre à 5 ou 6 sous » plus haut qu'elle ne coûte ailleurs. Il en résulte dans nos » consommations une atténuation qui diminue nos jouissan- » ces, et *réduit le revenu* que la taxe produit au trésor. »

Les pertes du fisc doivent s'accroître d'année en année, si la législation actuelle est plus long-temps maintenue, par l'état stationnaire des importations coloniales, par la suppression des acquittemens de sucres étrangers, et par l'augmentation graduelle du montant des primes à l'exportation : dans le système proposé au contraire, la consommation reprenant son élasticité naturelle , l'accroissement progressif des importations de sucres étrangers, dans la valeur desquels la taxe entre comme l'élément principal, la prime redevenant un simple drawback calculé sur le remboursement du droit le plus élevé, promettent au trésor avec une augmentation actuelle et très-satisfaisante dans son revenu, la perspective d'une amélioration toujours croissante.

La consommation du sucre augmentée, donnerait une impulsion nouvelle à d'autres consommations également avantageuses au pays et productives pour nos finances. L'emploi du café, par exemple, se mesure assez exactement sur celui du sucre, comme le prouvent les chiffres suivans :

	SUCRES ACQUITTÉS.	CAFÉS ACQUITTÉS.
En 1816	24,590,075 kil.	4,877,946 kil.
En 1822	55,481,004	9,148,848
En 1827	317,631	10,995,525

Si, comme il est naturel de le penser, le dégrèvement accordé au sucre agissait sur la consommation du café de manière à provoquer un accroissement de 2 millions de kilogrammes dans les acquittemens, il en résulterait pour le fisc un produit additionnel de plus de 1,500 mille francs. Le même raisonnement peut s'appliquer au cacao, dont la consommation est encore si bornée et si susceptible de s'étendre.

D'autres considérations du plus grand poids peuvent être invoquées en faveur d'une réduction générale des droits sur les sucres de toute provenance.

Lorsque le droit de 49 fr. 50 fut établi, il prenait la place d'une taxe de 300 fr.; le consommateur considérablement soulagé ne songeait point à se plaindre, et payait volontiers 2 fr. 20 pour la livre de sucre qui peu de temps avant ne lui coûtait pas moins de 6 fr.; mais ce n'est plus dans les souvenirs d'une époque désastreuse dont les traces sont complètement effacées, mais bien dans la situation des autres peuples sous le même point de vue, que l'on cherche aujourd'hui des points de comparaison.

La loi du 28 avril 1816 prit pour base de l'assiette de la taxe la valeur des sucres bruts, qui coûtaient plus de 200 fr. le quintal métrique acquitté. L'on entendait alors les soumettre à un droit de 25 p. 0⁄0 de la valeur; mais la baisse des prix a changé ce rapport, et maintenant le droit de consommation sur les sucres de nos colonies équivaut à 33 p. 0⁄0 de leur valeur à l'acquitté, et à 50 p. 0⁄0 du prix à l'entrepôt. La proportion est de 100 p. 0⁄0 sur les sucres étrangers.

Tous les jours se reproduisent les doléances des propriétaires, des débitans et des consommateurs sur l'énormité des taxes imposées sur les vins : les plaintes sont arrivées à ce point que le gouvernement ne peut plus ajourner la satisfaction qu'elles réclament. Or la valeur des boissons fermentées qui se consomment en France dépasse certainement un milliard, sur lequel le fisc prélève environ cent millions; tandis que sur une somme de 90 millions que la France paye pour sa consommation en sucres, le trésor perçoit plus de 3o millions.

En 1816, le sucre était regardé comme une denrée de luxe, et l'on pouvait croire par cette raison que la taxe n'en restreindrait pas sensiblement l'emploi. Il est reconnu aujourd'hui que c'est un objet de consommation générale, et l'on sait que quand le prix des denrées de cette nature augmente ou diminue en progression arithmétique, la consommation se resserre ou s'étend en progression géométrique. Elles possèdent aussi cette propriété, que les taxes assises sur elles sont d'autant plus productives qu'elles sont plus modérées.

L'histoire des finances d'Angleterre abonde en preuves de ces vérités. En 1745, les droits sur le thé furent réduits de 4 à 1 sch. : le produit du droit fut avant la réduction de 145,63o liv., et l'année d'après il monta à 243,3o9 liv. En 1784, la même épreuve fut renouvelée; la consommation doubla aussitôt et trois ans après elle était triplée. En 1787, par suite du traité de commerce avec la France, le droit sur les vins et esprits fut réduit de 5o p. o/o, et cependant le produit augmenta considérablement. En 18o5 le droit sur le café fut augmenté d'un tiers, et le revenu diminua d'un huitième. A la fin on sentit que le café avait été surtaxé, et on réduisit le droit de 2 sch.

à 7 deniers. Les effets de cette mesure furent immédiats : le produit moyen des trois années pendant lesquelles on avait maintenu l'élévation du droit fut de 166,000 liv. sterl., et le produit moyen des trois années qui suivirent la réduction fut de 195,000 liv.; ce qui prouve que la consommation avait quadruplé. (*Revue d'Édimbourg*, 1822.)

Les mêmes faits se sont reproduits de nos jours. En 1819 un droit additionnel fut imposé sur le café, et la consommation rétrograda sensiblement. En 1824, la taxe fut réduite de moitié, et la consommation s'est élevée au bout de deux ans de 8 à 15 millions de livres.

« L'histoire des droits sur les sucres, dit le recueil anglais » déjà cité, est fort curieuse. Dans les trois années qui sui- » virent 1803, les droits sur cet article furent augmentés » d'environ 50 p. 0/0. Le produit moyen des trois années » qui précédèrent l'augmentation avait été de 2,778,000 » livres sterl. Le produit de 1804, après qu'ils avaient été » augmentés de 20 p. 0/0, ne fut pas de 3,333,000 livres, » comme cela aurait dû être si la consommation était restée » la même, mais seulement de 2,537,000 livres, c'est-à-dire » de 241,000 livres de moins qu'avant l'augmentation du » droit; et lorsqu'en 1806 et 1807 ce droit fut de 50 p. 0/0 » au-dessus de ce qu'il était en 1803, le produit fut seule- » ment de 3,133,000 liv. au lieu de 4,167,000 liv., comme » il eût été s'il n'y eût pas eu diminution dans la consom- » mation. »

Mais qu'est-il donc besoin de chercher des exemples ailleurs que chez nous, et dans le sujet même qui nous occupe? En 1813, une taxe de 300 fr. par quintal de sucre, appliquée à la consommation d'un empire de près de 40 mil-

lions d'individus, ne produisit que 27 millions; aujour-
d'hui l'impôt réduit au sixième donne, pour 3o millions
de consommateurs, un revenu annuel de 3o millions.

De 1815 à 1822, les prix ont constamment baissé, et la
consommation s'est accrue dans la même proportion. Si cette
baisse eût été opérée par la diminution des droits, n'est-il
pas évident que le trésor n'y aurait rien perdu? De 1822
à 1827 au contraire, l'élévation des prix a eté la conséquence d'une nouvelle surtaxe sur les sucres étrangers, et
nous avons fait voir que cette circonstance avait fait décroître en même temps la consommation et le revenu public. Cet effet s'est produit dans une période où toutes nos
consommations augmentaient, et où le produit des taxes in-
directes s'élevait dans une notable proportion.

De tous ces faits irrécusables, nous sommes en droit de
conclure que la réduction des droits, jointe à la diminution
de la surtaxe imposée aux sucres étrangers, en faisant rega-
gner à la consommation ce qu'elle a perdu, et ce dont elle
n'eût pas manqué de s'accroître depuis 1822 si la baisse
des prix avait continué, ne doit faire craindre au fisc aucune atténuation de recettes, et lui présente au contraire
la perspective prochaine d'une amélioration très-considé-
rable.

COMMERCE EXTÉRIEUR.

Les intérêts du commerce extérieur de la France ne sont
pas moins engagés dans la question actuelle que ceux de la
consommation et du revenu public. A ces intérêts se ratta-
chent ceux de notre agriculture qui réclame pour ses den-

rées de plus vastes débouchés, et ceux de nos principales industries qui sollicitent à la fois des approvisionnemens plus abondans et plus avantageux en matières premières, et de plus larges canaux d'écoulement pour les produits fabriqués.

Or, il est trivial de répéter aujourd'hui que le commerce ne vit que d'échanges, et que pour vendre ses produits il faut acheter ceux des autres nations.

Comme nous l'avons établi au commencement de ce mémoire, la culture de la canne à sucre s'est rapidement étendue depuis le commencement de ce siècle, et pour tous les peuples situés entre les tropiques, elle est devenue l'un des principaux élémens de la richesse agricole et commerciale. Ces contrées sont celles qui présentent la plus vaste carrière et les plus précieux avantages au commerce de l'Europe, parce qu'elles ne peuvent pas plus se passer des produits de notre industrie que nous de leurs matières premières. Ces relations précieuses emploient des milliers de navires, et forment pour le commerce comme pour la guerre, pour l'accroissement de la prospérité publique comme pour le maintien de l'indépendance et de la dignité nationales, un nombre immense de marins exercés.

Le gouvernement français a la conscience de ces vérités; il a toujours annoncé hautement l'intention de favoriser les expéditions de long cours, et peut-être même a-t-il dépassé quelquefois, dans les encouragemens qu'il leur a donnés, les bornes d'une protection raisonnable. Des invitations officielles et réitérées ont été faites au commerce pour l'engager à expédier ses vaisseaux dans l'Inde et en Amérique, à y porter les riches produits de notre agriculture et de nos arts; on ne lui a épargné à cet égard, ni les conseils, ni les promesses, et l'on a souvent gourmandé sa tiédeur et sa timidité. Tant d'efforts n'ont pu réussir à imprimer une plus grande activité à nos relations avec les marchés lointains des deux mondes.

Nous manquons des documens nécessaires pour apprécier avec quelque justesse l'importance actuelle de nos échanges avec les pays qui cultivent la canne à sucre, c'est-à-dire avec l'Inde, la Cochinchine, le Brésil, la Havane et l'Amérique du sud. L'administration rédige des états du commerce de la France avec les autres peuples, mais elle s'entoure à cet égard du plus profond mystère; et jusqu'à ce jour elle s'est refusée à communiquer ces documens au public et même aux chambres législatives. Nous sommes donc obligés de dire avec l'estimable auteur d'un écrit * récemment publié : « Tant que comme en Angleterre, aux États-» Unis et même en Russie, on ne livrera pas au public les » détails de nos rapports avec les divers peuples, qui peut » se flatter de parler avec connaissance de cause des questions » qui se présentent ? »

Dans l'impossibilité d'établir à cet égard des calculs suffisamment approximatifs, nous nous bornerons à dire en général que nos relations commerciales avec les pays producteurs de sucre sont fort restreintes, comparées avec celles des autres nations commerçantes, et ne sont nullement proportionnées à l'étendue de nos moyens de consommation et d'échanges. Nous ne craignons pas d'affirmer que les états de commerce, quelque défectuéuses que soient les éva-

---

* *Questions commerciales*, par M. Rodet.

luations sur lesquelles ils sont établis, doivent témoigner hautement de cette affligeante vérité. Nous ne craignons pas davantage de la voir contredite par nos adversaires, qui se sont toujours appuyés sur l'exiguïté de nos échanges avec les marchés libres du monde, pour faire ressortir l'avantage que nous trouvons à les sacrifier au commerce colonial.

Cet état de choses si déplorable a été expliqué de diverses manières. L'on a dit, quant au commerce de l'Inde, qu'il était impossible de lutter contre la concurrence anglaise, que seconde un immense appareil de puissance dans ces vastes contrées; oubliant que les États-Unis, qui ne possèdent pas un pouce de terre en Asie, sont parvenus à y fonder des relations d'une importance toujours croissante. Quant à l'Amérique, l'on a accusé tout à la fois les tarifs défavorables à nos produits; le prix trop élevé et la mauvaise qualité des objets dont se composent nos cargaisons. Ces causes diverses du peu de développement de nos rapports maritimes peuvent être vraies; mais celle qui en même temps domine et explique toutes les autres se trouve dans notre système colonial exclusif.

Une expédition maritime en effet se compose de deux opérations consécutives, l'aller et le retour. Il est rare que l'une et l'autre donnent des bénéfices : l'armateur en compense les résultats dans ses calculs, de manière à couvrir, suivant les circonstances, les pertes qu'il s'attend à faire sur les retours, par les bénéfices qu'il compte retirer de ses envois, ou réciproquement. Si, par exemple, les denrées qu'il est possible de rapporter du Brésil doivent nécessairement occasioner un préjudice notable aux importateurs;

ce dommage a dû être réparti par eux au marc le franc sur les produits nationaux qu'ils ont livrés en échange dans ce pays, et surhausser en proportion le prix auquel il est possible de les vendre sans perte. Si au contraire nos tarifs étaient combinés de manière à permettre de réaliser sur les retours des bénéfices assez importans, il pourrait se faire que l'expéditeur trouvât son compte à écouler sur les marchés étrangers, même sans aucun profit, les produits du sol et de l'industrie de la France, pour rapporter en échange des denrées coloniales destinées à notre consommation, et qu'il pût même, à l'exemple des Anglais, accorder de longs termes pour les paiemens.

Ce raisonnement fait voir combien nos tarifs des douanes, qui déterminent en définitive le résultat commercial des retours effectués par nos expéditeurs, influent sur les prix de vente, et par conséquent sur l'écoulement plus ou moins facile de nos produits à l'étranger.

Au Brésil, à la Havane et dans l'Inde, le sucre est le principal élément de l'exportation pour l'Europe. Or, nos tarifs repoussant cette denrée de notre consommation, elle ne peut entrer dans nos ports qu'à charge d'être réexportée. Lorsque les cargaisons sont débarquées dans nos ports, il faut attendre l'occasion de les expédier sur Anvers, Hambourg, Trieste ou quelque autre point du globe. Il est facile de comprendre que de pareils déplacemens sont fort coûteux et entraînent beaucoup de retards; et en définitive lorsque les sucres arrivent sur les points où ils doivent être consommés, ils se trouvent grevés de toutes les dépenses, de tous les préjudices résultant de leur passage en France et d'un double voyage, et conséquemment ils ne peuvent

se vendre sans une perte sensible, en concurrence avec les
sucres de même nature que les navigateurs étrangers rapportent directement dans leurs pays.

Des retours si onéreux ont dû nécessairement dégoûter
nos armateurs des expéditions lointaines, et nuire par
conséquent à l'activité de nos échanges et de nos ventes
au dehors. Cette opinion a été pourtant combattue par
des assertions et des raisonnemens que nous devons rapporter.

« On se trompe, disait en 1822 M. le comte de St-Cricq,
» quand on affirme qu'en fermant la porte aux sucres
» étrangers, nous gênons des exportations qui en seraient
» le prix.

» De quelles contrées veut-on parler? De l'Inde sans
» doute, du Brésil, de la Havane, les seuls de tous les pays
» maintenant ouverts à nos vaisseaux, qui produisent du
» sucre en abondance.

» Nous ouvrons nos états de commerce, et nous y voyons
» qu'en 1820 nos importations directes de l'Inde se sont
» élevées à 12 millions, et les exportations des produits fran-
» çais de toute nature à un million seulement; que dans les
» huit premiers mois de 1821, remarquables cependant par
» une amélioration très-réelle, la valeur des importations
» a été de 10 millions, et celle des exportations de moins
» de 3 millions; qu'en 1820 nous avons importé du Brésil
» une valeur de 8 millions, et que nous y avons exporté
» une valeur de 4 millions ; que la valeur des importations
» du même pays a été pour les huit premiers mois de 1821
» de 7 millions et 1/2, et celle des exportations de 3 millions;
» qu'enfin notre commerce avec la Havane offre pour l'an-

» née 1820 une importation de 13 millions, et une exporta-
» tion de 6 millions; pour les huit premiers mois de 1821
» une importation de 14 millions, et une exportation de 5
» millions.

   » Comment admettre qu'un plus libre accès ouvert chez
» nous aux sucres de ces pays faciliterait chez eux, dès à
» présent, un plus grand écoulement de produits français,
» lorsqu'on remarque qu'ils n'ont encore trouvé place à la
» Havane et au Brésil que pour moins de moitié, et dans
» l'Inde que pour moins d'un cinquième des valeurs de tout
» genre que nous en avons rapportées? N'est-il pas évident,
» lorsqu'il nous a fallu acquitter en piastres un solde de
» cette importance, qu'un solde plus considérable encore,
» créé par de plus grands achats de sucre, ne se fût ac-
» quitté davantage en objets français? Nous avons droit d'es-
» pérer sans doute qu'ils prendraient avec le temps plus de
» faveur dans ces contrées; mais il n'en demeure pas moins
» constant que d'immenses exportations peuvent s'y faire
» encore sans atteindre la valeur de nos importations ac-
» tuelles. Et cela est vrai de l'Inde surtout, si l'on consi-
» dère que nos consommations en objets propres au sol de
» ce pays ne sont pas de moins de 25 millions; que nos vais-
» seaux n'en importent encore que 8 à 10 millions; que le
» reste nous vient d'un pays voisin qui nous fait en retour
» peu de demandes; qu'il est désirable que nos armateurs
» nous affranchissent de ce tribut, et qu'il leur reste ainsi
» toute latitude pour des échanges plus étendus, s'ils se flat-
» tent d'y faire concourir enfin pour une plus forte part les
» marchandises françaises. »

   Nous avons reproduit ces argumens dans toute leur étenduc de peur de les affaiblir. Nous nous contenterons d'y opposer les faits suivans, puisés à la même source.

En 1827, l'on accorda la remise du demi-droit aux armateurs qui rapporteraient en France des sucres de la Cochinchine ou des Philippines et divers produits de l'Inde. Il résulta de cette faveur, prorogée jusqu'en 1819 et dont profitèrent 25 navires français, une importation de 5 millions 1/2 de kilogrammes de sucres.

En 1820, M. le comte de St-Cricq annonça que le rétablissement des droits avait fait diminuer de plus de moitié les expéditions destinées pour l'Inde, et il déplorait ce résultat.

« MM. Balguerie, Sarget et Cie, disait-il en 1822, ont ex-
» pédié à la Cochinchine des produits du sol et de l'industrie
» *pour une valeur plus forte* que celle des sucres qu'ils ont
» importés au demi-droit.... Et je dois dire que l'accueil
» bienveillant, les faveurs spéciales dont nous sommes
» l'objet en Cochinchine, la juste espérance d'y introduire
» le goût des produits français, *si le sucre n'y était le principal*
» *moyen d'échange*, ne peuvent que faire regretter, *que la né-*
» *cessité d'assurer avant tout les intérêts de nos colonies* nous ôte
» tout moyen de favoriser par quelque concession particu-
» lière le développement de relations qui dans aucune autre
» partie de l'Inde ne se présentent avec un tel avantage......
» L'intérêt seul de notre navigation nous commanderait de
» favoriser le commerce de l'Inde, alors même que nous
» n'aurions pas, comme il nous est permis de la concevoir,
» l'espérance d'y trouver avec le temps un utile écoulement
» pour certains produits de notre sol et de nos manu-
» factures. »

Nous sommes donc en droit d'affirmer que l'exclusion des sucres étrangers nuit au développement de nos relations avec l'Inde et la Cochinchine. Notre commerce avec les colonies occidentales de l'Espagne n'a pas été moins cruellement atteint. En 1820, le seul port de la Havane reçut 90 navires français. En 1821, après la surtaxe de 5 francs imposée aux sucres étrangers, ce nombre fut réduit à 72. En 1827, d'après les états de navigation, il n'est sorti de nos ports, pour Cuba et Porto-Rico réunis, que 63 navires, et il n'en est arrivé de ces provenances que 54.

Le discours cité plus haut semble absoudre notre régime colonial de ce déplorable résultat, et peu s'en faut même que l'administration ne s'en félicite en calculant que la France paie en numéraire plus de la moitié des denrées qu'elle tire des colonies espagnoles. Sans nous arrêter à combattre la doctrine vieillie pour l'honneur de laquelle sont combinées les évaluations officielles, nous nous bornerons à demander de quelle valeur sont des chiffres dont on refuse de faire connaître les élémens, et dont le contrôle est par conséquent impossible? On en jugera par le rapprochement suivant:

M. le comte de St-Cricq évaluait en 1822 nos importations de la Havane pour l'année 1820 à 13 millions, et nos exportations à 6 millions; pour les 8 premiers mois de 1821, les importations à 14 millions, les exportations à 5 millions.

Or, nous trouvons dans un ouvrage semi officiel, publié en France sous les auspices du ministre des affaires étrangères [*]

---

[*] Aperçu statistique de l'île de Cuba.

un tableau du commerce de la France avec les Antilles étrangères, qui contient les chiffres suivans :

	IMPORTATIONS EN FRANCE.	EXPORTATIONS DE FRANCE.
En 1821	646,055 fr.	4,637,931 fr.
En 1822	2,225,810	7,225,994
En 1823	2,248,907	6,420,400
En 1824	1,866,015	7,685,436

L'auteur, moins discret que l'administration des douanes
donne la décomposition de ces chiffres dans leurs divers
élémens. Il ajoute que dans les résultats de l'année 1824,
l'île de Cuba figure pour 1,309,438 francs de denrées en-
voyées en France, et pour 6,321,245 francs de marchandises
françaises importées. Les sucres, qui devraient composer
les 4/5 des retours des Antilles étrangères, ne figurent dans
ce tableau que pour 142,670 francs.

Si ces renseignemens sont vrais, il en résulte que nos
exportations pour Cuba, au lieu d'être d'une valeur de
moitié moindre que nos importations, sont au contraire 5 ou
6 fois plus considérables. Que l'on juge par cet exemple de
l'exactitude des documens administratifs, puisque l'on peut
leur en opposer d'autres non moins dignes de foi, qui présentent des résultats entièrement opposés. On n'a pas oublié
que l'application d'un nouveau tarif d'évaluations adopté
par la douane pour ses relevés annuels, a opéré sur
une seule année une différence de 150 millions dans le
chiffre total.

En 1824 les droits sur les toiles des Pays-Bas ayant été
augmentés, il s'ensuivit, comme on sait, de dures repré-
sailles contre nos produits. Une négociation s'ouvrit à Paris
pour essayer un rapprochement : chacune des deux parties

voulait faire pencher *la balance* en sa faveur, ce qui était assez difficile. « Nos états de douane, dit M. de St-Cricq » qui nous a révélé lui-même ces détails, nous autorisaient » à penser que la balance était très-favorable aux Pays- » Bas; mais les évaluations en argent furent contestées; et il » est juste de dire que des vérifications faites avec soin nous » amenèrent à reconnaître que plusieurs de nos importa- » tions des Pays-Bas avaient été mises à trop haut prix. « L'erreur surtout était des plus graves sur les toiles, » puisque, d'accord sur les quantités, il devint constant que » la valeur de 32 millions que nous leur assignions, n'ex- » cédait guères en réalité 20 millions. Les états d'exportation » offraient au contraire quelques atténuations, et il devint » constant, par exemple, que l'estimation de nos vins était » assez notablement inférieure à leur valeur réelle. »

Nous espérons que l'administration, éclairée par de semblables méprises, s'abstiendra de faire valoir, dans la discussion actuelle, l'autorité de ses mystérieux états de commerce, ou que dans tous les cas elle ne sera appréciée que pour ce qu'elle vaut. Mais nous devons nous préparer à entendre les partisans de la balance du commerce s'écrier: le système actuel est d'autant plus avantageux, qu'en empêchant les retours en marchandises il oblige les armateurs à *soutirer le numéraire* de l'étranger, et à rapporter en France des piastres ou des traites sur l'Europe, ce qui est le plus beau résultat du commerce extérieur. Nous leur répondrons, toujours sans heurter de front leur chimère : l'armateur qui rapporte des espèces de si loin n'est-il pas privé de tous les bénéfices du fret? N'est-il pas grevé de pertes considérables en primes d'assurances, en intérêts, en frais d'achat

et de vente, etc.? Comment prendre des piastres en retour
dans un pays comme le Brésil, par exemple, où la circulation n'est alimentée que par du papier de banque ou des
espèces de cuivre? Comment s'en procurer dans ceux où la
sortie des métaux précieux est prohibée , comme dans
quelques états de l'Amérique du sud? Quant aux lettres de
change sur l'Europe, ne sont-elles pas toujours grevées d'une
prime au profit du tireur, et qui s'est élevée au Brésil jusqu'à 35 et 40 p. 0/0 ?

Nous avons fait voir comment notre régime colonial, en
obligeant les armateurs à élever les prix de nos marchandises qu'ils écoulent au dehors pour compenser les résultats désastreux des retours, nous ôtait les moyens de soutenir
sur les marchés extérieurs la concurrence de nos rivaux.
D'autres circonstances ont encore influé d'une manière fâ-
cheuse sur nos exportations; ce sont les faveurs obtenues par
d'autres peuples au préjudice de notre commerce. Mais il est
facile de voir que l'on doit en grande partie les attribuer à
la même cause. Quels avantages en effet pourrions-nous obtenir chez les peuples dont nous nous obstinons à repousser
les produits? On a dit dans une publication officielle : « Les
» Anglais ne sont point aimés en Amérique, ils n'y sont qu'u-
» tiles. » Pour nous nous y sommes aimés, et nous y serons
utiles quand nous le voudrons.

Lorsqu'en 1826 le gouvernement négocia avec le Brésil
un traité de commerce qui devait assurer à nos produits un
traitement aussi favorable qu'à ceux de l'Angleterre, sous le
rapport des droits de douanes, le cabinet de Rio-Janeiro mit
pour condition à cette faveur l'assimilation dans nos tarifs
des cotons du Brésil à ceux des Etats-Unis. M. le comte de

St-Cricq déclarait alors à la chambre que cette modification était nécessaire, pour que les négociations entamées pussent avoir l'heureux résultat que l'on s'en promettait. L'on sait pourtant que l'impôt de consommation sur ce lainage est d'une faible importance, comparé à la valeur de la marchandise même, et il ne s'agissait, dans le cas particulier, que d'une différence plus minime encore entre les droits assis sur deux qualités différentes d'après leur valeur : si le gouvernement brésilien y attachait cependant assez d'importance pour nous accorder en compensation un traitement égal à celui de l'Angleterre, si anciennement privilégiée dans ce pays, quels heureux effets ne pourrait-on pas attendre d'un changement dans nos tarifs bien plus avantageux pour le Brésil, puisqu'il lui permettrait de fournir à notre consommation, pour des quantités importantes, une denrée qui dans ce pays constitue seule les 2/3 de l'exportation? Et que l'on n'imagine pas que pour avoir obtenu la suppression de la surtaxe de 9 p. 0/0 qui pesait sur nos produits dans cet empire, nous n'ayons plus rien à lui demander. Les droits étant perçus d'après la valeur des marchandises, il est évident que leur assiette est entièrement subordonnée aux tarifs d'évaluation qui règlent les perceptions de la douane; et il est notoire que dans la *pauta* maintenant en vigueur, les produits que la France envoie au Brésil sont appréciés beaucoup au-dessus de leur valeur réelle, et subissent par conséquent de fortes surtaxes, malgré l'égalité nominale stipulée par le traité de 1826.

La Colombie et le Mexique produisent beaucoup de sucre : l'importation de cette denrée y est prohibée, et l'on sait que la consommation en est dans ces contrées peut-être plus forte qu'en aucun autre pays du monde. Bien qu'elles n'en fournissent point encore au commerce extérieur, l'agrandissement des cultures, l'introduction des meilleures méthodes d'exploitation, le perfectionnement des voies de communication, devront nécessairement avant peu d'années permettre aux sucres colombiens et mexicains d'entrer en concurrence sur les marchés étrangers. L'Egypte en fait déjà quelques envois à Constantinople et dans les Echelles, et l'incroyable rapidité avec laquelle la culture du coton s'est développée dans cette contrée ne permet pas de douter que celle de la canne à sucre n'y prenne une grande extension dès que le gouvernement de ce pays voudra y appliquer sur une échelle plus vaste les forces productives de la population. La prévision du législateur doit embrasser toutes ces considérations, et faire disparaître à l'avance les obstacles qui pourraient dans un avenir prochain entraver l'essor de notre commerce extérieur et les progrès de la prospérité publique.

NAVIGATION NATIONALE.

L'on a souvent fait valoir pour appuyer le maintien rigoureux du monopole colonial, l'intérêt de notre navigation.

Le commerce des colonies, a-t-on dit, occupe la moitié de la marine marchande française employée aux échanges avec l'Asie, l'Afrique et l'Amérique. Gardons-nous de compromettre de si précieux avantages.

Un pareil argument mérite à peine de nous arrêter un instant. D'abord il est évident que si le transport de 6o millions de kilogrammes de sucres occupe aujourd'hui 400 navires, le même transport, accru de 30 millions de kilog., en emploierait 600, et qu'il faudrait 800 bâtimens pour importer en France une quantité de sucres double de celle que nous fournissent nos colonies. Il ne s'agit donc que d'examiner à quelle marine profiterait le mouvement des sucres étrangers admis à notre consommation.

Or, il est constant que le commerce avec les pays qui produisent le sucre se fait presque entièrement par navires français.

Sur 85 navires entrés dans nos ports pendant les années 1825, 1826 et 1827, venant de l'île Maurice, de la Cochinchine, des possessions anglaises et des colonies espagnoles dans l'Inde, 81 étaient français.

Sur 177 navires venus du Brésil pendant la même période, l'on n'a compté que 19 navires étrangers.

Dans les mêmes années il est arrivé dans nos ports, de la Havane et de Porto-Rico, 160 bâtimens français contre 36 bâtimens étrangers.

La faible part qui revient à la navigation étrangère dans nos rapports avec les colonies du golfe du Mexique et de l'Amérique du sud, ne profite guère qu'aux tiers pavillons. Or la navigation indirecte est entièrement à la discrétion de nos lois et de nos tarifs, et il dépend de nous de la restreindre et même de la prohiber entièrement. C'est ce que le gouvernement a déjà fait par l'ordonnance de février 1826 en ce qui concerne l'Angleterre; et les bâtimens de cette puissance ne sont plus admis depuis cette époque à introduire dans nos ports les denrées de l'Asie, de l'Afrique et de l'Amérique. Les pavillons tiers ne prendront par conséquent dans le transport des sucres étrangers que la part qu'il nous conviendra de leur abandonner. La concurrence maritime des pays producteurs eux-mêmes est encore moins redoutable. En 1827, il est arrivé dans nos ports 60 navires venant du Brésil : un seul était brésilien. Nous avons reçu 54 navires venant des colonies de l'Espagne dans le golfe du Mexique : il n'en est pas venu un seul sous pavillon espagnol. Il est arrivé des colonies danoises un seul navire danois et 18 français; de la Colombie et du Mexique, 37 navires français et pas un seul sous pavillon de ces pays.

Nous avons pourtant conclu avec le Brésil et le Mexique des traités de commerce, par lesquels nous avons accordé à ces états une dispense temporaire des lois maritimes en vigueur, qui ne reconnaissent comme appartenant aux pays de provenance que les navires construits dans ces pays mêmes, et dont le capitaine et les trois quarts de l'équipage en sont originaires. Ce n'est qu'à la faveur de cette concession faite pour six années seulement, qu'il a pu entrer dans nos ports en 1827 *un* navire réputé brésilien, et l'on voit que le Mexique n'en a nullement profité.

Les chiffres contenus dans l'un des tableaux ci-joints * démontrent qu'après les modifications proposées, les sucres de nos colonies continueront à se placer avantageusement dans notre consommation. Leur transport, dont le bénéfice est exclusivement dévolu aux armateurs français, ne sera donc pas diminué d'une seule barrique. Mais l'on verra aussitôt disparaître des inconvéniens de la nature la plus grave, et dont les effets sont désastreux pour notre commerce d'armement.

* Voir à la fin le tableau n° 3.

Voici dans quels termes s'exprimait à cet égard, en 1827, la chambre de commerce de Bordeaux.

« Les sucres forment la partie fondamentale des charge-
» mens que nos navires de commerce introduisent en
» France. Le privilége accordé à nos colonies de nous four-
» nir seules cette denrée, oblige nos armateurs à diriger
» sur ces établissemens la presque totalité de leurs expédi-
» tions maritimes : que résulte-t-il de cette agglomération
» de navires sur trois petits points dont la consommation et
» la production n'offrent que peu de ressources, et où il
» n'existe point de commerce extérieur ? Exubérance d'im-
» portation des produits de France et avilissement de leurs
» prix ; insuffisance de matière exportable et exagération
» injuste de sa valeur ; concurrence excessive de la navi-
» gation et réduction à presque rien du prix du fret. V.
» Exc. doit être informée que cette année un grand
» nombre de navires français n'ayant trouvé aucun fret aux
» Antilles, ont été obligés d'aller chercher ailleurs des
» ressources fort incertaines ; que beaucoup d'autres sont
» revenus au tiers, à moitié ou aux 3/4 vides, et que c'est au
» prix de 40, 30 et même 25 fr. par tonneau, que des
» sucres ont été transportés des Antilles en France.

» L'admission, même partielle et limitée, des sucres étran-
» gers aurait au contraire, outre l'avantage de contraindre
» les colonies des nations rivales à recevoir nos produits en
» échange de ceux que nous achèterions chez elles, celui de
» fournir à nos navigations lointaines un aliment assuré en
» marchandises d'encombrement qui leur manquent ; car les
» denrées d'un gros volume et d'une valeur médiocre, sont
» celles dont le transport constitue le fondement de tout

» profit maritime, et c'est faute d'avoir de ces denrées à
» transporter que notre navigation demeure en arrière de
» celle des autres peuples, et qu'elle ne prend pas le déve-
» loppement qu'auraient dû lui donner l'heureuse paix qui
» règne en Europe, l'habileté de nos marins, et l'industrie
» de nos armateurs. »

A ces avantages si bien exposés par les organes les plus compétens de nos intérêts maritimes, nous pouvons ajouter que des relations plus larges et plus suivies avec les pays producteurs de sucres, des approvisionnemens plus abondans et mieux assortis dans nos entrepôts, nous permettraient d'accroître nos réexportations et notre commerce de revente, dont la nullité actuelle a été si souvent déplorée par des écrivains judicieux et par l'administration elle-même, et que nos armemens pour la mer du nord, la Baltique et la Méditerranée y trouveraient de nouveaux moyens d'extension.

RAFFINERIES DE SUCRE.

Un écrit déjà cité * nous fournit, sur la situation actuelle et l'importance de l'industrie du raffinage, les détails statistiques suivans, dont l'exactitude a été vérifiée avec soin :

« Le nombre des raffineries, à Paris, Bordeaux, Mar-
» seille, Nantes, Orléans, Lille, Rouen, le Havre, Stras-
» bourg, Lyon, Caen, Dunkerque et Dieppe, s'élève à 167,
» lesquelles en pleine activité peuvent raffiner annuelle-
» ment au-delà de 80 millions de kilogrammes de sucres

* *Observations sur nos lois de douanes relatives aux productions de nos colonies.*

» bruts. Leur capital industriel en immeubles, constructions,
» mobilier et ustensiles de toute espèce, monte à près de 30
» millions; celui nécessaire à leur exploitation à plus de 36
» millions. Le nombre des ouvriers directement employés
» dans les raffineries dépasse 4,000, celui des ouvriers,
» charretiers, mariniers, etc., etc., que cette industrie fait
» indirectement travailler, et qui vivent à ses dépens, peut
» s'évaluer à une quantité plus que triple; les sommes
» qu'elles paient en main-d'œuvre, charbons, noir ani-
» mal, papiers, ficelle, poteries, chaudronnerie, serrure-
» rie, etc., etc., se montent de 12 à 15 millions par an. »

On peut évaluer à plus de 550 millions l'ensemble du mouvement commercial auquel cette fabrication donne lieu, comme l'atteste le calcul suivant :

Achat aux colonies et frais d'expédition pour 65 millions de kil., au prix moyen de 35 fr.	45,000,000
Vente dans le port du commissionnaire au négociant, droits acquittés et frais	95,000,000
Vente du négociant au raffineur	98,000,000
Vente des sucres raffinés au négociant ou marchand, la même somme augmentée des frais de fabrication et du transport dans l'intérieur pour les ⅔	116,000,000
Vente du négociant au détaillant pour la moitié de la fabrication	60,000,000
Vente du détaillant au consommateur, et frais	140,000,000
	554,000,000

Ces détails suffisent pour prouver que la fabrication du sucre, élevée au rang de nos principales industries, est éminemment digne de la protection du législateur. Elle a d'autant plus le droit de la réclamer, que ses doléances sont uniquement fondées sur les principes d'une rigoureuse justice, et sur les interêts les plus évidens et les plus généraux du pays. Ses vœux et ses besoins sont identifiés avec ceux des consommateurs pour lesquels elle travaille : ce qui la distingue essentiellement de tant d'autres industries qui semblent infligées à la France comme autant de fléaux destructeurs. Fortes de leur ancienne supériorité, les raffineries françaises n'ont pas de plus grand intérêt que la liberté du commerce, et, à conditions égales, elles peuvent soutenir en France et au dehors la concurrence avec l'industrie étrangère. Dans ce moment où tant de gens supplient l'autorité publique de leur prêter main-forte pour leur assurer le monopole du marché national, et de lever à leur profit sur les consommateurs une taxe des pauvres déguisée sous le titre de primes ou de droits protecteurs, pourrait-on accueillir avec moins de bienveillance les réclamations d'une industrie si ancienne et si importante, qui demande uniquement la possibilité de mettre en action tous ses moyens de produire, à la faveur d'une plus grande latitude dans ses approvisionnemens de matières brutes ?

Nous l'avons déjà dit, la principale cause du malaise des raffineries est dans l'insuffisance des arrivages et dans la hausse périodique qui, à certaines époques de l'année, se fait sentir dans le prix de la matière. Si le fabricant avait le pouvoir de se faire indemniser de cette hausse par le consommateur, son industrie ne serait pas périodiquement mise en péril ; mais le système actuellement en vigueur est combiné de manière à faire peser sur le raffineur toute la charge résultante de l'élévation des prix ; situation intolérable, en opposition avec les principes les plus élémentaires de l'économie industrielle.

Deux causes principales empêcheront toujours, tant que ce système subsistera, que le prix du produit fabriqué ne s'élève en même temps et dans la même proportion que celui de la matière. La première, ou du moins celle qui sera le mieux comprise, est la cessation totale de l'exportation. La prime étant calculée d'après un prix moyen, il est évident que lorsque ce prix est dépassé par la matière brute, le désavantage du raffineur français n'est plus suffisamment compensé pour le mettre en état de lutter contre le raffineur étranger. Or les raffineries étant montées pour suffire à la consommation intérieure et à l'exportation, et se trouvant tout à coup privées de ce dernier débouché, ont bientôt une surabondance de produits qui empêche toute élévation de prix, quelle que soit d'ailleurs l'augmentation de celui des sucres bruts.

Une autre cause a peut-être encore plus d'influence que la première sur la difficulté de l'élévation du prix.

Le commerce de détail, pour la classe la plus nombreuse des consommateurs, a généralement adopté le prix de 24 sous, soit à cause de la facilité avec laquelle ce nombre se divise, * soit parce qu'en effet c'est le plus haut prix que cette classe de consommateurs puisse atteindre ; et lorsque les

---

* Cette considération, qui n'est pas sans importance lorsqu'il s'agit d'une denrée de consommation générale, doit faire désirer que, dans l'intérêt des classes les plus nombreuses, la réduction du droit soit assez importante pour faire descendre le prix de la livre de sucre à 20 sous, somme qui peut être exactement divisée en petites fractions.

circonstances n'ont pas permis de le maintenir, la consommation du sucre en a constamment éprouvé une diminution sensible. Aussi dans les momens de hausse, le détaillant épuise toutes ses provisions avant de se décider à payer un prix plus élevé. Pour obtenir une augmentation du prix des produits des raffineries qui soit en rapport avec celle des matières premières, le raffineur serait contraint de lutter avec constance pendant plusieurs mois, pour attendre d'abord que le détaillant eût fini toutes ses provisions et qu'il se lasse ensuite de vendre à perte ou sans bénéfice. Or c'est ce qui ne peut avoir lieu, le volume de ces produits et la masse énorme de capitaux qu'ils représentent ne permettant qu'à un très-petit nombre de raffineurs d'être quelques semaines sans les livrer à la consommation.

On répond toujours aux plaintes des raffineurs en rappelant la prime de 120 fr. qui leur est allouée depuis 1826 sur les produits exportés. Mais nous croyons avoir démontré jusqu'à l'évidence, que la prime et l'exportation, très-favorables aux colonies, sont un dommage pour le trésor et pour les raffineurs eux-mêmes. Il n'en serait pas de même si les arrivages de matières étaient susceptibles d'un accroissement indéfini. La prime alors pourrait être notablement réduite, et devenir cependant un encouragement très-réel pour l'industrie nationale. Mais si l'on veut placer nos raffineries, quant à l'exportation, dans une situation égale avec celles de l'étranger, nous ne dissimulerons pas la nécessité de calculer largement la prime, et de faire entrer les droits les plus élevés imposés aux sucres étrangers dans la combinaison des chiffres qui doivent en déterminer la fixation. C'est ce que nous avons fait en nous décidant à proposer la réduction de la prime actuelle à 100 fr. par 100 kilogrammes.

Dès qu'il s'agit en effet de soutenir la concurrence étrangère sur les marchés du dehors, l'on ne saurait faire abstraction de la condition du manufacturier avec lequel il est question de rivaliser. La France, par sa position géographique, est merveilleusement placée pour approvisionner la Suisse, une partie de l'Allemagne, l'Italie et le Levant. L'industrie du raffinage du sucre étant chez nous au moins aussi avancée que dans aucun autre pays de l'Europe, les raffineurs français pourront toujours rivaliser avec leurs concurrens du dehors, pourvu que le tarif des douanes et la prime d'exportation soient combinés de manière à les mettre dans une position égale à celle de leurs rivaux. Or les raffineurs anglais jouissent d'une prime plus forte que les droits payés à l'entrée sur les sucres bruts, comme nous allons le prouver.

Le droit, sur les sucres bruts des colonies d'Amérique et de l'île Maurice, supérieurs en qualité à ceux de nos Antilles, est de. . . . . 27 sch.

La prime sur les sucres raffinés en pains de 2 à 7 kil. et lumps est de. 46

Il n'y a point de prime pour les autres produits.

On peut estimer d'après la supériorité des sucres bruts de la Jamaïque et de l'île Maurice que le raffineur anglais obtient 48 p. $\frac{2}{8}$ en pains de 2 à 7 k.

$$\text{et. . . } \underline{15 \text{ en lumps}}$$
$$\text{ensemble. . . } \overline{63} \text{ p. } \tfrac{2}{8} \text{ qui à la prime}$$

de 46 sch. donnent . . . . 29 sch.

le droit étant de. 27

Reste un avantage de. 2

Les autres produits, tels que la vergeoise et la mélasse, par cette restitution plus qu'entière des droits de douane sur les raffinés seuls, se trouvent consommés dans l'intérieur en franchise de droits : la por-

tion des droits qui doit frapper sur ces produits est donc à ajouter
aux 2 sch . . . .   2 sch.

   Cette partie des droits peut être estimée à   5

   Avantage réel du raffineur anglais   7

   Une question importante nous reste à examiner : à quelles conditions est-il convenable d'admettre les sucres blancs et terrés venant de l'étranger? Ces sucres ont subi dans les lieux d'origine une préparation assez semblable à celle qui résulte du raffinage : les premiers étant à l'état de moscovades, sont mouillés et soumis à une forte pression; les autres, après la mise en forme, subissent un terrage qui diffère peu de celui qui s'exécute dans les raffineries. L'intérêt de nos fabriques se complique dans cette question de celui de la marine marchande, à laquelle les sucres bruts, comme plus encombrans, procurent un fret plus avantageux.

   Nous avons pensé que l'échelle des droits proposés concilierait sur ce point tous les intérêts. Le tableau n° 3 fait voir quels seront les prix à l'acquitté des sucres de toute nuance et de toute origine. Les prix à l'entrepôt que nous avons pris pour base sont ceux du marché de Londres du 2 décembre dernier, et l'on peut affirmer qu'ils seront toujours plus élevés dans nos ports.

   En effet, il faut ajouter à ces prix : 1° la différence dans les tares en usage dans les deux pays, qui constitue en France un surcroît de prix de 5 p. 0/0; 2° la hausse qu'éprouveront infailliblement les sucres étrangers sur les lieux de production, par suite des demandes de la France et de l'accroissement de sa consommation; 3° enfin la différence dans le prix du fret, la navigation française étant notoirement plus chère que la navigation anglaise.

Or, si les bases que nous proposons étaient admises, les sucres blancs du Brésil et de l'Inde reviendraient au moins à 19 sous la livre, droits acquittés et frais payés. Ces sucres sont peu propres à être consommés en nature et ne conviennent qu'aux préparations des confiseurs, limonadiers et distillateurs. Les sucres blancs de la Havane, dont la fabrication est plus soignée, seraient plus susceptibles de se substituer dans la consommation aux produits des raffineries; mais dans le système proposé, ils ne pourraient s'établir sur le marché à un prix inférieur à 22 sous, c'est-à-dire 2 sous de plus que le prix auquel reviendraient les sucres raffinés. L'on peut donc affirmer que cette nuance ne trouvera en France qu'un débouché d'autant plus restreint, que les industries secondaires auxquelles on l'a cru long-temps indispensable pour certains emplois, lui substituent maintenant avec succès les produits du raffinage.

Après avoir plaidé la cause de toutes les raffineries de France, nous devons, en terminant ce mémoire, soumettre à l'équité du gouvernement et des chambres quelques considérations plus spéciales dans l'intérêt des fabricans de l'intérieur et particulièrement de nos commettans, les raffineurs et négocians de la capitale.

L'on sait qu'avant la révolution l'industrie du raffinage avait son siége principal au centre de la France. Les 32 raffineries d'Orléans fournissaient à la consommation d'une grande partie du royaume et même à des exportations assez considérables.

Pendant la guerre maritime, Paris étant devenu un important marché pour les denrées coloniales, il s'y créa un grand nombre de raffineries, qui continuèrent à s'accroître et à prospérer pendant les premières années de la restauration, à la faveur de la baisse du prix des matières et du développement de la consommation intérieure.

Cependant les villes maritimes avaient profité des mêmes circonstances, jointes aux avantages de localité et à la possession privilégiée des entrepôts de denrées coloniales, pour élever dans leur sein de semblables établissemens. Cette concurrence n'eût point été préjudiciable aux fabriques de l'intérieur, si la consommation avait continué à s'étendre, et si les lois successives dont nous avons exposé plus haut les effets n'avaient accru les embarras de leur situation; mais le mal dont elles sont atteintes est devenu si grave, que l'administration ne peut plus différer d'en rechercher à la fois la cause et le remède.

Sur 42 raffineurs qui existaient à Paris en 1826, et dont plusieurs devraient être mis hors de ligne par leur immense fortune, on n'en compte pas moins de douze qui depuis ce temps ont été réduits à faire un appel à leurs créanciers. Peut-on citer une autre industrie qui dans une si courte période ait présenté une proportion aussi effrayante de catastrophes? Et nous devons ajouter que dans la crainte d'aggraver les pertes qu'ils éprouvaient, les autres raffineurs se sont vus à plusieurs reprises forcés de suspendre presque entièrement leurs travaux. Au moment même où nous écrivons, à l'époque de l'année la plus favorable à la vente, la stagnation de l'industrie et la cherté des grains influent de la manière la plus sensible sur la consommation; les produits des raffineries éprouvent un avilissement que ne compense point la baisse des matières premières, et les raffineurs de Paris sont de nouveau dans la nécessité d'interrompre leur fabrication et de laisser leurs ouvriers sans travail, s'ils veulent éviter les pertes des années antérieures.

Des 32 raffineries qui florissaient jadis à Orléans, il n'en subsiste plus que 14, dont la moitié au moins ne sont que des établissemens secondaires.

Il faut donc reconnaître qu'indépendamment des causes générales qui nuisent à la prospérité des raffineries, il en est d'autres qui pèsent plus spécialement sur les fabriques de l'intérieur. Leur éloignement des lieux d'arrivage des matières brutes est un inconvénient inhérent à la nature des choses; mais la législation en a singulièrement aggravé les effets en attribuant aux ports de mer le privilége des entrepôts. Cette mesure n'avait d'autre objet que de favoriser le commerce maritime, et le législateur ne s'était nullement proposé de provoquer un déplacement d'industrie par des avantages exclusifs accordés à certaines localités : telle est pourtant la conséquence naturelle du système actuel d'entrepôt.

En effet, les droits élevés retenant les sucres matières dans les ports jusqu'au moment où ils doivent entrer en consommation, les places de l'intérieur sont toujours dépourvues d'approvisionnemens. La nécessité de faire leurs achats dans les entrepôts oblige les raffineurs éloignés à de fréquens déplacemens : ils sont forcés de recourir à l'onéreuse intervention des commissionnaires, et de leur payer un tribut qui varie de 2 à 3 p. o/o, selon l'usage de la place. Ils doivent avoir constamment des provisions de matières pour deux mois et faire leurs achats long-temps d'avance, pour parer aux retards d'une navigation intérieure fort lente et souvent contrariée par la sécheresse ou par les glaces. Ne pouvant acheter que des matières qui ont payé les droits, ils sont obligés à d'énormes avances de capitaux et subissent des pertes en intérêts et frais dont leurs concurrens des ports sont affranchis. Ceux-ci, ayant toujours auprès d'eux de grandes masses de matières brutes, font leurs achats eux-mêmes : ils peuvent à leur gré choisir les marchandises qui leur conviennent, profiter de toutes les occasions favorables, et acheter chaque jour la provision du lendemain. Ainsi les avances qu'ils ont à faire pour l'acquisition des matières premières et pour le paiement des droits sont à peu près nulles, et sont immédiatement couvertes par la vente des produits fabriqués.

Notre intention n'est pas d'aborder en ce moment une discussion qui doit s'ouvrir prochainement devant la commission d'enquête ; mais les considérations que nous venons de présenter se rattachaient trop directement à la question principale qui fait l'objet de ce mémoire pour être passées sous silence. Puisque l'inégalité de position que nous signalons est surtout la conséquence de l'élevation des droits de douanes, la diminution de ces droits est un moyen de faire disparaître une partie du préjudice qu'éprouvent les fabriques et le commerce de l'intérieur de la France; en attendant qu'une justice plus complète, d'accord avec les règles fondamentales de notre droit public, élargisse les bases du système d'entrepôt de manière à répartir plus égalément les bénéfices et les charges de la législation entre tous les membres de la grande famille.

Les membres de la commission des raffineurs de sucre et des négocians en denrées coloniales de Paris.

BAYVET, L. BÉNARD, GISQUET GUILLON, HÉMON, JOEST, Louis MARCHAND , SALLERON F. LARREGUY, Président.

Le Secrétaire de la commission, H. GUILLEMOT.

Paris, 30 décembre 1828.

N°. 1.

TABLEAU des quantités de Sucres acquittés, et des prix moyens des Sucres bruts et raffinés depuis 1815, par quintal métrique.

ANNÉES.	QUANTITÉS de SUCRES ACQUITTÉS.	PRIX MOYEN			
		des SUCRES BRUTS.		des SUCRES RAFFINÉS.	
	kilog.	fr.	cent.	fr.	cent.
1815.	16,909,120	240	»	360	»
1816.	24,590,075	200	»	330	»
1817.	36,536,861	190	»	315	»
1818.	36,059,929	190	»	304	30
1819.	39,789,276	165	»	287	25
1820.	48,636,739	168	»	283	»
1821.	46,441,819	150	»	248	»
1822.	55,485,322	141	»	250	»
1823.	41,543,539	174	»	254	»
1824.	600,31,573	154	50	240	»
1825.	56,086,203	175	»	251	»
1826.	71,640,009	157	»	244	»
1827.	60,403,249	165	50	238	»

N°. 2.

TABLEAU des Droits perçus sur les Sucres importés, et des Primes payées à l'exportation des Sucres raffinés et des Mélasses.

| ANNÉES. | DROITS PERÇUS | | | TOTAL | PRIMES PAYÉES | | TOTAL | REVENU |
	sur LES SUCRES de nos colonies.	sur LES MÉLASSES	sur LES SUCRES étrangers.	DES DROITS perçus.	sur les SUCRES RAFFINÉS exportés.	sur LES MÉLASSES exportées.	DES PRIMES payées.	NET du trésor.
1820.	21,721,722f	3,518f	5,201,329f	26,926,569f	270,139f	242,606f	512,745f	26,413,824f
1821.	22,122,296	352	1,747,681	23,870,329	1,534,479	450,544	1,985,023	21,885,306
1822.	26,750,609	760	5,508,438	32,259,807	2,128,966	498,405	2,627,371	29,632,436
1823.	19,934,595	120	2,967,181	22,901,896	627,326	329,487	956,813	21,945,083
1824.	28,407,156	79	3,849,356	32,256,591	2,622,403	390,301	3,012,704	29,243,887
1825.	26,067,307	1,709	3,524,921	29,593,937	4,002,746	568,573	4,571,319	25,022,618
1826.	33,910,159	23,244	2,654,896	36,568,299	4,738,886	532,725	5,271,611	31,296,688
1827.	29,015,007	11,302	1,145,103	30,171,412	5,487,296	636,361	6,123,657	24,047,755

N° 3.

***PRIX** auxquels reviendront les sucres de diverses provenances, d'après les droits proposés, par quintal métrique.*

NATURES ET PROVENANCES.	PRIX moyen actuel dans les entrepôts d'Europe.		DROITS proposés dixième compris.		PRIX revenant à l'acquitté dans les ports.	
Sucres français. { bruts { de Bourbon	94	»	27	50	121	50
{ des autres colonies. .	98	»	33	»	131	»
{ terrés	153	»	55	»	208	»
Sucres étrangers. { de l'Inde { bruts autres que blanc. . . .	80	»	49	50	129	50
{ blancs	93	»	77	»	170	»
bruts de toute autre provenance.	78	»	52	80	130	80
du Brésil { blonds . . . . . . , ...	80	»	66	»	146	»
{ blancs	95	»	82	50	177	50
de la { blonds	90	»	77	»	167	»
Havane { blancs	120	»	93	50	213	50

N. B. Les prix ci-dessus indiqués pour les sucres étrangers sont ceux du marché de Londres du 2 décembre dernier.

Les tares en usage sur les sucres de nos colonies en France donnent au raffineur un bénéfice ou bon poids de cinq pour cent. En Angleterre on n'accorde au contraire que la tare réelle. Les prix ci-dessus des sucres étrangers étant pris en Angleterre, on aurait dû y ajouter la différence qui existe entre les tares de l'un et l'autre pays, et qui s'élève, comme nous venons de le dire, à 5 pour 100. En procédant ainsi, le prix des sucres bruts de toute provenance, par exemple, se serait élevé à 81 fr. 90 cent. en entrepôt, et à 134 fr. 70 à l'acquitté.

N° 4.

---

*DÉCOMPOSITION d'un prix de vente donné des sucres de nos colonies,
pour apprécier la somme que reçoit effectivement le colon producteur.*

VENTE au Havre à . . . .   fr. 131

     Escompte 2 ¼ ⁒   2   94

      A déduire   128   6

Droits de sortie et d'octroi, rabattage et pésage à 6 ⁒
 sur fr. 60, prix dans la colonie . . . . fr.   3   60
Différence de tare de 10 à 17 ⁒   7 ⁒.   4   20
Réfactions au Havre 1 ⁒   60
Déchet et différence de poids   7 ⁒.   4   20
Assurances 2 ⁒.   1   20
Fret à 12 deniers et 10 ⁒ de chapaux sur le poids de
 douane.   10   80
Déchargement, magasinage et frais au Havre   2   30
Droits de douane et enregistrement..   33
Perte des droits sur la tare 2 ⁒.   65
Courtages ¼ ⁒   32
Commission de vente au Havre et ducroire 3¼ ⁒ . . .   4   48

         65   35 ci.   65   35

Il reste donc de produit net pour le colon   62   71